LES MACHINES

DYNAMO-ÉLECTRIQUES

PREMIÈRE ANNÉE

AIDE-MÉMOIRE

DE

L'INGÉNIEUR-ÉLECTRICIEN

RECUEIL

De Tables, Formules et Renseignements pratiques

A L'USAGE DES ÉLECTRICIENS

PAR

G. DUGHÉ, B. MARINOWITCH, E. MEYLAN et G. SZARVADY

ingénieurs-électriciens

Un beau volume in-16, nombreuses figures dans le texte,
cartonnage anglais. Prix. . . . . **6 fr.**

TABLE DES CHAPITRES

PREMIÈRE PARTIE — INTRODUCTION

CHAP. I. Tables et Formules mathématiques. — CHAP. II. *Unités*, Théorie des Unités, Système C. G. S., Système métrique. — CHAP. III. *Mécanique*, Cinématique, Statique. — CHAP. IV. *Chaleur*, Dilatations. — CHAP. V. *Acoustique*, Propagation du son. — CHAP. VI. Optique. — CHAP. VII. Électricité et Magnétisme, Électricité statique, Magnétisme induit, Induction, Thermo-électricité. Lois des Courants.

DEUXIÈME PARTIE — ÉLECTRICITÉ INDUSTRIELLE

CHAP. I. Électrométrie, Instruments et Méthodes de mesure. — CHAP. II. Machines Dynamo-Électriques : Principes, enroulements, induction, rendement, montage, couplage, théorie, calcul, organes et construction, construction. — CHAP. III. Transformateurs. — CHAP. IV. Transport de force. — CHAP. V. Piles, Accumulateurs. — CHAP. VI. Électrolyse, Galvanoplastie. — CHAP. VII. Éclairage électrique : Lampes à arc, intensité, coût, lampes à incandescence, distribution, conducteurs, régulation du courant, renseignements. — CHAP. VIII. Conducteurs, Poids, Résistance, Épaisseur. — CHAP. IX. Appareils télégraphiques : Mors, Sounder, Hughes, Wheatstone, Baudot, Siphon-Recorder, système de transmission, piles, lignes aériennes, souterraines, sous-marines. — CHAP. X. Téléphonie, Téléphone électro-magnétique, Transmetteurs micro-téléphoniques, Montage, Réseaux téléphoniques, Conducteurs.

LES MACHINES
DYNAMO-ÉLECTRIQUES

DE LEUR ORIGINE JUSQU'AUX DERNIERS TYPES INDUSTRIELS

PAR

P. CLEMENCEAU

Ingénieur des arts et manufactures,
ingénieur électricien, expert près la Cour d'appel.

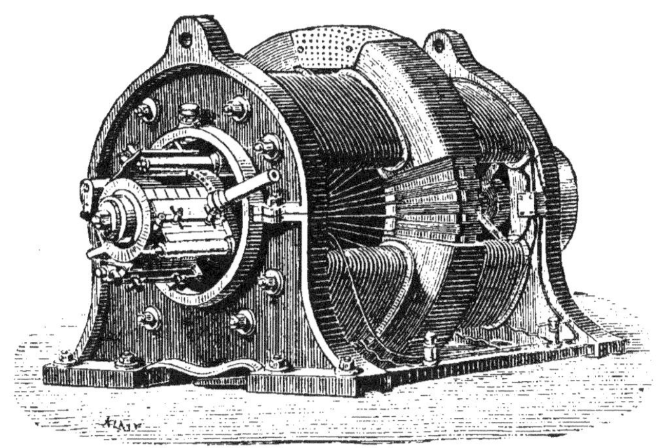

Avec 116 figures dans le texte.

PARIS

BERNARD TIGNOL, ÉDITEUR

45, QUAI DES GRANDS-AUGUSTINS, 45

PRÉFACE

Comme le titre d'un livre, quelque clair et expli-
cite qu'il puisse être, ne donne jamais qu'un rensei-
gnement approché sur le contenu de l'ouvrage, et
que, malgré la meilleure foi du monde, on peut toujours encourir des reproches de la part d'un lecteur
ne trouvant pas assez de conformité entre la page
extérieure et celles qui suivent, je voudrais, pour
éviter tout malentendu, dire nettement en quelques
mots ce que j'ai voulu faire et ce que j'ai fait.

Tout d'abord, qu'on ne s'attende pas à trouver ici
une étude plus ou moins complète de la théorie de
la machine dynamo-électrique telle que les travaux
de ces dernières années permettent aujourd'hui de
l'établir.

L'ouvrage est essentiellement descriptif, et si les
premières pages y sont, il est vrai, réservées à la
question théorique, elles ne constituent qu'un résumé élémentaire aussi succinct que possible, des
notions principales nécessaires à la compréhension
de l'ouvrage, et qui ne sont là que pour permettre

à un lecteur peu familiarisé avec les choses électriques de s'intéresser néanmoins aux descriptions qui suivent.

De même, je n'ai pas eu la prétention d'apporter un document nouveau, ni de mettre en lumière une machine encore inconnue. Aujourd'hui, les publications spéciales tiennent exactement leurs lecteurs au courant de tout ce qui se fait dans l'industrie ; mais si tout a été publié déjà, tous les éléments d'une même question se trouvent séparés les uns des autres dans les collections de journaux, il est tellement malaisé de les consulter, qu'il m'a paru utile de grouper en quelques pages tout ce qui permet d'établir succinctement l'histoire de la machine dynamo depuis les premiers essais de laboratoire jusqu'aux derniers types des machines industrielles. Le travail a donc été surtout un travail de classement.

Après avoir fouillé les principales revues électriques et notamment la *Lumière Électrique*, à laquelle un grand nombre de clichés ont été empruntés, j'ai essayé de réunir tous ces éléments assez divers en classes bien définies par des caractères spéciaux, et de mettre tous les chapitres bout à bout pour donner au livre une ligne générale pouvant en faciliter la lecture.

C'est ainsi que l'exposition a été divisée en deux

grandes parties : la première, rappelant d'abord les essais, de Faraday à Pacinotti, puis toutes les machines que nous avons vues successivement éclore et disparaître ; la seconde exposant avec un peu plus de détails les principaux types de machines employées couramment aujourd'hui.

Dans la première partie, j'ai décrit les machines à peu près dans l'ordre chronologique pour constituer autant que possible une sorte d'historique de la question, tandis qu'au contraire la deuxième partie a été divisée en chapitres distincts, machines à courants continus, — induit en forme d'anneau, induit en tambour,— machines à courants alternatifs, machines magnéto, machines à induit en forme de disque.

Cette classification pourra évidemment être critiquée. Il eût été, peut-être, en effet, plus scientifique de mettre au second plan la forme des induits, pour ne s'attacher qu'à la constitution des champs magnétiques ; mais en agissant ainsi, j'eusse été forcé de développer davantage les considérations théoriques, et n'aurais pu présenter les choses aussi simplement que le cadre spécial de l'ouvrage l'exigeait.

Enfin, pour terminer, j'ai cru devoir résumer en peu de lignes quelques considérations relatives à la mise en route, à la conduite et la surveillance des machines. Cette quatrième partie peut en effet intéresser ceux qui, sans être électriciens, veulent se servir d'une dynamo, et je tenais aussi à dire quelques mots de la pratique de la même manière qu'en débutant j'avais parlé de la théorie. Tel est le plan général de ce petit volume qui se présente modestement, n'ayant d'autre prétention que celle de tenir une place honorable à côté de ceux que nous a déjà donnés la *Bibliothèque des Actualités industrielles*.

P. CLEMENCEAU.

PREMIÈRE PARTIE

CHAPITRE PREMIER

THÉORIE DE L'INDUCTION.

Courants d'induction.

Le phénomène physique dit : *phénomène d'induction* et qui constitue le principe même de la machine magnéto ou dynamo-électrique fut découvert par Faraday en 1832.

Un courant induit est un courant instantané qui prend naissance dans un circuit fermé sous l'influence d'un courant voisin.

Cet énoncé est général, c'est-à-dire, que l'inducteur peut être soit un courant hydro-électrique ou tellurique, soit un aimant, soit un électro-aimant ; mais pour qu'il y ait production d'un courant induit, il faut que l'inducteur éprouve une modification, ou dans son nitensité propre, ou, ce qui revient au même, dans la distance qui le sépare du circuit sur lequel il agit.

Par exemple, prenons le cas de l'induction d'un courant par un courant. Imaginons un circuit fermé contenant un galvanomètre ou tout autre appareil pouvant manifester la présence d'un courant. Plaçons à côté de ce circuit un deuxième parcouru par le courant d'une pile, et laissons les choses en l'état : le galvanomètre ne donne aucune indication. Brusquement, éloignons le deuxième circuit du premier. Dès que le mouvement commence, aussitôt le galvanomètre indique la naissance dans le premier circuit d'un courant de même sens que le courant inducteur, et cela autant que dure le mouvement, car dès qu'on laisse agir le circuit inducteur, l'aiguille du galvanomètre revient au zéro. A ce moment, si on déplace encore le circuit inducteur, mais cette fois en le rapprochant du circuit induit, le galvanomètre indique de nouveau la présence d'un courant, mais en sens inverse du premier courant induit constaté.

Cette expérience est générale, et tous les cas d'induction y sont contenus. Les phénomènes sont en effet les mêmes, si le courant inducteur s'approche et s'éloigne, ou augmente et diminue d'intensité; s'il apparaît et disparaît; s'il est remplacé par un aimant permanent qu'on déplace, ou enfin par un électro-aimant, qu'on approche et éloigne ou dont on fait varier l'intensité d'excitation.

Champ magnétique.

Dans l'exposition des phénomènes précédents, nous avons parlé de l'approchement et de l'éloignement du courant inducteur, sans préciser la distance comme si l'induction en était indépendante.

En théorie en effet, cela est vrai ; mais pratiquement les actions inductives ne s'exercent que dans des limites restreintes et l'espace dans lequel le phénomène d'induction est appréciable est désigné sous le nom général de *champ magnétique*.

Intensité d'un champ magnétique.

Cela étant, si l'on considère le champ magnétique créé par les deux pôles d'un aimant permanent de forme quelconque, et qu'on place par la pensée, en un point quelconque du champ, un pôle nord d'aimant pris comme unité : ce pôle, abstraction faite de sa masse et de l'influence du pôle sud de l'aimant auquel il appartient, sera soumis, de la part des deux pôles de l'aimant fixe, à des actions magnétiques dont la résultante est appelée *force magnétique*.

La loi de Coulomb, à laquelle cette force est soumise, en permet la détermination, et c'est la grandeur même de la force magnétique en un point quelconque du champ qui est appelée *l'intensité du champ magnétique* en ce point.

Lignes de force

Si maintenant on abandonne à lui-même le pôle Nord unité, placé dans le champ magnétique, celui-ci sous l'action de la force magnétique se déplacera dans le champ, suivant une trajectoire quelconque dépendant de sa position. Cette trajectoire est ce que Faraday a appelé : *ligne de force*.

Cette conception, qui simplifie de beaucoup l'explication des phénomènes magnéto-électriques, n'est, il faut bien le remarquer, qu'une pure abstraction, ne correspondant à rien de réel, comme par exemple la *quantité d'électricité*. Cette observation est nécessaire pour empêcher la réalisation de l'abstraction à laquelle l'esprit est toujours enclin, et c'est important, surtout en ce qui concerne les lignes de force, car la représentation matérielle est d'une très grande facilité. En effet, si on projette de la limaille de fer sur une feuille de papier recouvrant le pôle d'un aimant : d'eux-mêmes les grains de limaille aimantés par influence se placent régulièrement suivant les lignes déterminées qui sont l'exacte représentation matérielle des lignes de force.

Le champ magnétique se trouve donc alors parfaitement défini, il est caractérisé par la distribution des lignes de force, et le *nombre* de ces lignes en ces différents points.

Ce terme : *nombre de lignes de force*, ou *flux de force*, car l'un ou l'autre s'emploient indifféremment, a été proposé par Faraday, en s'appuyant sur ce que le nombre de lignes de forces émises par ce pôle est proportionnel à l'intensité de ce pôle, et de cette convention il résulte que la grandeur de la force magnétique en un point quelconque du champ est proportionnelle au nombre de lignes de force coupées par l'unité de surface équipotentielle supposée en ce point.

Prenons l'exemple d'un pôle unique. Les surfaces équipotentielles seront des sphères ayant ce pôle pour centre ; or comme les lignes de force émanant du pôle sont des lignes symétriquement rayonnantes, le nombre qui traversera l'unité de surface de sphère sera inversement proportionnel au carré du rayon : et c'est suivant cette loi même que décroîtra la force magnétique.

Lois de Faraday.

Après avoir imaginé les lignes de force, Faraday a émis les deux lois suivantes :

1° *Toute ligne de force tend à se raccourcir.*

2° *Deux lignes de force de même direction se repoussent si elles sont de même sens, s'attirent et tendent à se confondre si elles sont de sens contraire.*

La représentation graphique du champ magnétique par deux pôles de nom contraire (fig. 1) et par deux

pôles de même nom (fig. 2), donne l'explication de
ces deux lois.

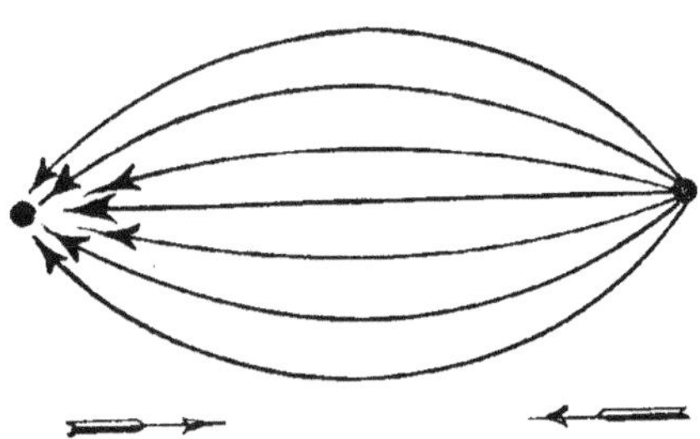

Fig. 1.

En effet le sens d'une ligne de force est déterminé
par cette convention qu'elle est toujours sensée éma-
ner d'un pôle nord pour converger vers un pôle sud :
et ceci a l'avantage de permettre d'assimiler les ai-

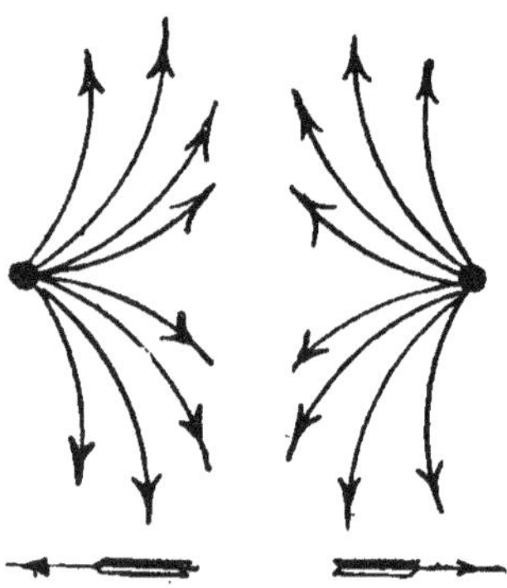

Fig. 2.

mants magnétiques aux aimants électriques. Les lignes de force cherchant toujours à passer par la plus
grande perméabilité magnétique, on peut d'avance

prévoir leur distribution dans un système formé par un aimant en fer à cheval par exemple. entre les pôles duquel un morceau de fer doux est placé.

Dans ce cas, en effet, on aura un circuit magnétique partant du pôle nord, traversant la première couche d'air, le fer doux, gagnant le pôle sud à travers la deuxième couche d'air et se reformant à travers l'aimant.

Le champ magnétique n'existe alors qu'entre les pôles et les extrémités du fer intermédiaire, aimanté par influence, et lorsque ce fer réunit complètement les deux pôles pour former armature, si sa masse est suffisante, le circuit est métalliquement fermé : il n'y a plus de champ à proprement parler.

<h3 style="text-align:center">Force électromotrice induite :
règle de Maxwell.</h3>

Revenons maintenant à l'induction dont un conducteur est le siège par suite de son déplacement dans un champ magnétique. Cette induction, c'est-à-dire la force électro motrice d'induction, peut être déterminée en grandeur et en signe à priori d'après la loi de Maxwell.

La force électro motrice induite qui agit dans un circuit à un moment quelconque est égale en grandeur et en signe à la vitesse de décroissement des lignes de force qui traversent le circuit à un moment donné.

Donc quand le nombre de lignes de force augmente, la force électro motrice est négative, quand il diminue elle est positive. Or ce sens est déterminé par une autre loi de Maxwell qu'on appelle : loi du tire-bou-

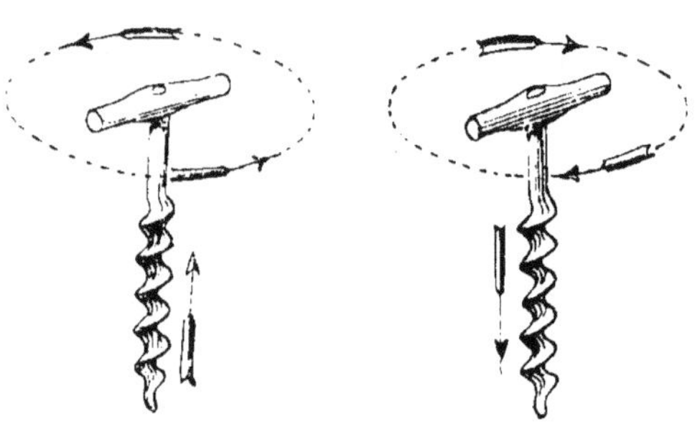

Fig. 3.

chon. En effet, considérons un tire-bouchon (fig. 3), animé de deux mouvements, l'un de rotation, l'autre rectiligne. Quand le sens des lignes de force est celui de ce dernier mouvement, suivant les flèches A et B, le sens de la force qu'elle engendre est de même sens que le mouvement de rotation qui correspond au mouvement rectiligne du tire-bouchon. Dans le cas contraire elle est négative.

Loi de Lenz

Nous venons de voir que le déplacement d'un circuit fermé dans un champ magnétique a pour résultat la production dans ce circuit d'une force électro-motrice induite. Il y a là naturellement production d'énergie, sous une forme spéciale qui ne peut être créée qu'aux dépens d'une autre énergie, l'énergie mécanique. En effet,le déplacement du circuit fermé dans le champ rencontre une certaine résistance et ce fait fut énoncé par Lenz de la manière suivante :

« Quand on déplace un circuit dans un champ magnétique,le courant induit développé tend à s'opposer au mouvement.

De cette loi une conséquence importante découle immédiatement. Si le courant qui prend naissance, en vertu du déplacement du circuit dans le champ, tend à entraver le mouvement ; forcément la réciproque doit être vraie, c'est-à-dire que si au lieu de faire mouvoir celui-ci on le laisse libre et qu'on y lance un courant de sens contraire à celui que l'induction y faisait naître, le circuit induit prendra de lui-même le mouvement qu'on lui faisait effectuer dans la première expérience.

Une machine fondée par suite sur la loi d'induction devra donc être réversible. Elle pourra permettre la transformation de l'énergie mécanique en énergie électrique, ou l'inverse suivant les cas. C'est en effet ce qui existe.

CHAPITRE II.

DE LA MACHINE DYNAMO-ÉLECTRIQUE.

Principes de la machine dynamo-électrique.

D'après les lois et principes que nous venons d'exposer, il résulte qu'il faut pour établir une machine capable d'utiliser les courants d'induction :

1º Faire passer un fil conducteur dans un champ magnétique ;

2º Répéter ce passage le plus de fois possible dans l'unité de temps ;

3º Donner au conducteur la plus grande longueur, ou autrement dit. faire passer à la fois le plus grand nombre de parties de ce conducteur :

4º Faire couper au circuit le plus grand nombre de lignes de force ;

5º Avoir le champ magnétique le plus intense :

6º Disposer un appareil pour recueillir et utiliser les courants produits.

Cette série d'énoncés peut se résumer d'ailleurs dans une loi plus concise.

Quand un conducteur se déplace dans un champ

magnétique, il naît entre ses points extrêmes une différence de potentiel e qui est égale au produit de la longueur l des conducteurs par l'intensité H du champ magnétique, par la vitesse de passage V du conducteur, et par le sinus de l'angle α que fait la direction du circuit avec les lignes de force.

On arrive donc à cette formule générale :

$$e = l\, H\, V \sin \alpha,$$

résumant tout ce que nous venons de dire, et qui montre que, toutes choses égales d'ailleurs, la force électromotrice e est maximum, pour $\alpha = 90^\circ$, $\sin \alpha = 1$, et nulle par $\alpha = o$, c'est-à-dire lorsque la direction du conducteur mobile correspond à celle des lignes de force du champ.

Ces conditions nous font apparaître immédiatement les dispositions générales que doit affecter la machine dynamo-électrique.

En effet, faire passer dans le champ le conducteur le plus long, conduit naturellement à enrouler le fil d'une manière ou d'une autre. L'induit se présentera donc sous forme d'une bobine montée sur un arbre de rotation pour l'obtention de grandes vitesses, et ayant une âme centrale en fer, pour tendre les lignes de forces et les concentrer dans l'espace où le fil doit passer.

Quant au champ magnétique, on le verra créé d'abord par des aimants permanents, dans les machines *magnéto-électriques*, puis enfin ce qui est préférable pour l'obtention de grands travaux, par des électro-aimants, excités par le courant direct même dans les machines *dynamo-électriques*.

Une machine se divisera donc en trois parties principales distinctes :

1° L'inducteur : aimant ou électro-aimant.

2° L'induit : anneau ou bobine.

3° Le collecteur : disposé comme on le verra.

Système inducteur.

Le système inducteur devant créer le champ magnétique, fut d'abord constitué par un ou plusieurs aimants permanents. Au début, on n'employa qu'un seul aimant, recourbé en forme de fer à cheval, présentant par conséquent les deux pôles en face l'un de l'autre. Bientôt pourtant, lorsqu'on reconnut qu'un champ ainsi créé était relativement faible, au lieu d'un seul aimant en fer à cheval, on en employa plusieurs superposés, leurs pôles de même sens accolés, et chacun d'eux étant constitué par une lame assez mince. Ce fut déjà un perfectionnement : mais on ne put atteindre des intensités magnétiques considérables, que lorsqu'on renonça aux aimants et qu'on les remplaça par des électro-aimants.

Comme nous le verrons plus loin, les machines magnéto ne sont plus employées dans l'industrie. Les machines dynamo tiennent seules toute la place, et

souvent elles ne se différentient entre elles que par la
disposition spéciale donnée aux électro-aimants inducteurs.

Le but à atteindre fut toujours le même : le champ
magnétique le plus intense ; mais comme les travaux
qui firent connaître réellement les lois relatives au
flux de force, ainsi que la meilleure utilisation à
donner à la matière employée, sont de date toute récente, ce n'est que dans la dernière partie de cet ouvrage que nous trouverons les machines rationnellement construites à ce point de vue. La théorie exacte
de la machine dynamo n'étant que très imparfaite-
ment connue, le point faible des premières machines
fut surtout le champ magnétique. Les proportions
relatives à donner aux différentes pièces, longueur et
diamètre des noyaux des inducteurs, section de la
culasse, section du fer de l'anneau, section de l'entre-
fer (espace compris entre le fer de l'anneau et les épa-
rissements polaires) n'étaient pas connus ; on les dé-
terminait un peu au hasard ; et ce n'est que tout récemment que les travaux théoriques ayant fait connaître
le rôle exact de chacune de ces parties, un champ magnétique vraiment considérable a pu être atteint.

Par exemple, on crut longtemps que pour produire
un champ magnétique très intense on pouvait employer une masse de fer énorme disposée d'une façon
quelconque dans le circuit. Il n'y a pas longtemps
qu'on sait le contraire. En effet, l'aimantation d'un
noyau de fer n'est pas illimitée. Pour chaque section

il y a un point de saturation correspondant, et comme le circuit magnétique peut être assimilé à un circuit électrique, il convient donc pour une bonne machine que ce circuit soit aussi court que possible, que les sections en tous points soient suffisantes pour le passage des lignes de force développées par l'excitation, aussi bien dans le fer de l'anneau que dans la culasse des électros inducteurs.

Enfin, puisque c'est dans l'entre-fer que doit passer le fil induit, il faut que cette région soit très restreinte et que la disposition du circuit magnétique y permette le passage total des lignes de force.

Systèmes induits.

L'obligation de l'enroulement du fil induit dans une machine, conduisit dès l'abord à l'emploi des bobines cylindriques ordinaires, distinctes les unes des autres et passant successivement dans le champ.

C'est ainsi que furent construites les premières machines. Plus tard, on trouva avec raison plus rationnel de faire de l'induit un tout compact en un seul enroulement, et alors apparurent les systèmes induits constitués, soit par une seule bobine enroulée de fil dans le sens de sa longueur, soit par un tore de fer recouvert d'un enroulement hélicoïdal perpendiculaire à son axe.

De là deux types distincts : induits en bobines ou tambours, induits en anneaux.

Mais ici se place une remarque. Nous avons dit que pour augmenter l'intensité du champ, on avait été conduit à donner au système induit un noyau de fer. Or ce noyau doit être construit d'une façon spéciale. En effet, nous n'avons jusqu'ici parlé que de l'induction dans le fil ; mais le même phénomène se produit dans un corps métallique quelconque, quelle que soit sa forme. Un disque par exemple, tournant entre les deux pôles d'un aimant est soumis à l'induction. Une différence de potentiel prend naissance entre ses bords et son centre, et il s'en suit que les courants particulaires ainsi formés se fer ment sur la masse : un échauffement considérable s'en suit.

Ces courants particulaires sont connus sous le nom de *courants de Foucault*, du nom de celui qui les mit le premier en évidence. Or il y a tout lieu d'éviter dans une machine de pareils courants parasites qui absorbent en pure perte une fraction colossale de l'énergie dépensée. Si donc le noyau de l'induit était formé par une masse pleine, ces courants y prendraient naissance, le fonctionnement serait impossible. Aussi a-t-on cherché immédiatement le moyen d'empêcher la fermeture sur eux-mêmes des courants de Foucault. On y est arrivé, comme on le verra plus loin, en formant les noyaux de fer de l'induit soit par un fil de fer enroulé, soit par des plaques ou rondelles accolées, mais séparées les unes des autres par un isolant.

Collecteurs.

Le collecteur, avons-nous dit, est l'organe qui permet de recueillir les courants produits dans l'induit. Suivant les machines, leur forme varie. Pourtant la disposition de principe est la même. Ils seront constitués par des pièces de cuivre, fixées sur l'arbre de rotation, isolées de celui-ci et reliées aux diverses parties du fil induit. Sur ces pièces de cuivre isolées entre elles appuient des frotteurs fixes, composés par un faisceau de fils ou de lames de cuivre, et auxquels sont fixés les bouts du circuit extérieur.

De la sorte, à chaque instant, le circuit dans lequel le courant est utilisé fait partie de la fraction du fil soumise à l'induction.

Dans la construction d'un collecteur, la considération première est de faire usage d'un métal très bon conducteur, pour éviter l'addition d'une résistance inutile, et ayant une dureté convenable pour diminuer l'usure sous le frottement des balais.

Classification.

Les machines dynamo se séparent en deux classes distinctes :

Machines à courants continus.

Machines à courants alternatifs.

Dans les premières, le collecteur est construit de telle sorte, que les courants produits au même instant sont tous dirigés dans le circuit extérieur dans le même sens.

Dans les secondes, au contraire, le redressement n'a pas lieu et le circuit extérieur est le siège de courants inversés un certain nombre de fois par seconde, suivant la vitesse de rotation et le fractionnement du circuit induit.

Les machines à courants continus sont de deux classes :

Machines à induits annulaires.

Machines à induits en bobines ou tambours.

Théorie de l'induit annulaire (anneau Pacinotti-Gramme).

Supposons entre les deux pôles N et S d'un électro-aimant un anneau de fer disposé comme le montre la figure 4. Le fantôme du champ magnétique sera celui que nous avons représenté, c'est-à-dire que le circuit magnétique se fermera par l'entre-fer et les deux moitiés de l'anneau, et que, tandis qu'il ne passera que quelques lignes de force dans l'intérieur du tore, toutes celles qui ne pourront suivre le fer se fermeront par l'extérieur.

Si maintenant nous supposons que de petites hélices courtes ABCD, entourées autour de l'anneau,

glissent sur celui-ci, ou, ce qui revient au même,
que l'ensemble soit animé d'un mouvement de rotation dans le sens de la flèche : les hélices coupant les
lignes de force, seront le siège de courants d'induction dont le sens, d'après la loi de Maxwell, sera
respectivement celui indiqué par les flèches. En A
et B le sens sera le même ; en CD, il sera inverse.
Dans les points P et Q, il y aura donc eu changement
de sens, et si au lieu de quatre hélices nous sup-

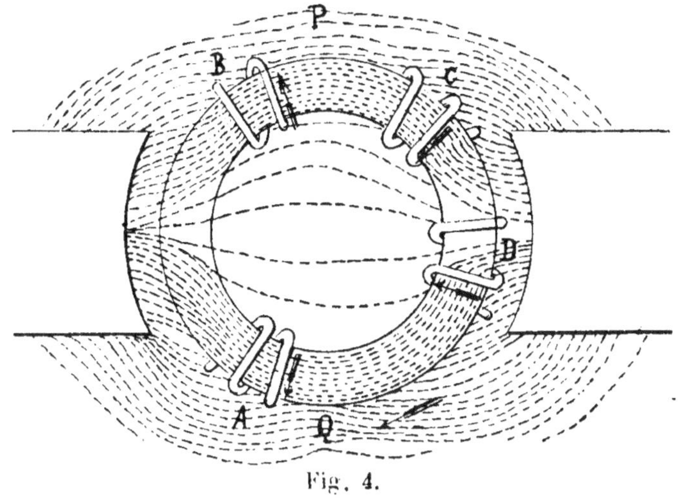

Fig. 4.

posons l'anneau entièrement couvert de plusieurs
hélices réunies bout à bout, les effets d'induction se
produiront dans chacune d'elles et les deux courants
de direction contraire qui se développeront vien-
dront s'annuler aux points P et Q.

Mais si toutes ces hélices, au lieu d'être réunies
directement, le sont par l'intermédiaire des secteurs

de cuivre fixés sur l'axe, et que sur ces secteurs soient placés deux frotteurs fixes en P et Q, reliés aux extrémités du circuit extérieur, les courants produits dans les deux moitiés de l'anneau trouvant un chemin dérivé se fermeront à travers le circuit extérieur.

D'après ce que nous venons de dire, on voit que les parties externes des hélices sont seules soumises à l'induction. Tout le fil n'est pas utilisé. En effet, si l'anneau de fer est de section suffisante, le nombre des lignes de force passant à l'intérieur sera presque nul : par suite, le fil situé dans cette région ne sera le siège d'aucun courant ; mais si la masse de fer n'était pas suffisante, le circuit magnétique se fermerait en partie sur l'intérieur de l'anneau et une partie du fil ne serait plus inactive, mais nuisible alors, car elle serait le siège d'un courant inverse à celui qui se produirait dans la partie extérieure.

Dans toute machine rationnellement construite cet inconvénient n'existe pas.

Tel est le principe de la machine à induit annulaire. En pratique, l'enroulement est divisé en un très grand nombre de parties, réunies en tension par les lames des collecteurs. Le nombre de celles-ci est naturellement égal à celui des sections du fil ; et le courant est recueilli par deux frotteurs placés en P et Q aux extrémités de ce qu'on appelle la ligne neutre.

Il est à remarquer toutefois, qu'en réalité cette ligne neutre que nous avons supposée en théorie perpendi-

culaire à la ligne des pôles N.-S. n'occupe pas exactement cette place. En effet, l'anneau de fer de l'induit
ne s'aimante pas seulement sous l'influence des pôles
inducteurs. Excité par le courant induit, il constitue
un électro-aimant tendant à créer deux pôles aux
points P et Q. Par suite, il y a réaction de ces deux
électro-aimants l'un sur l'autre et la distribution du
champ devient celle que représente la figure 5.

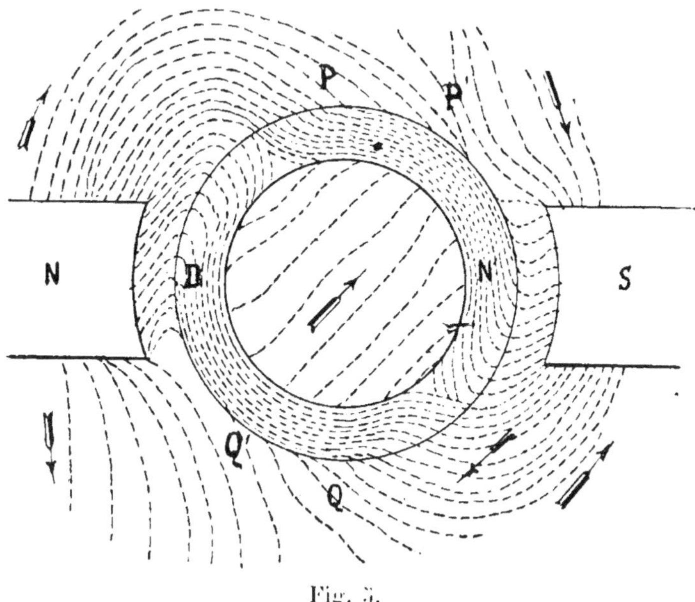

Fig. 5.

Les lignes de forces de N sont attirées vers P et re-
poussées en Q de sorte que les deux points neutres sont
reportés en P' et Q', points où le changement de sens
aura lieu, et où par conséquent les balais devront être
placés.

Induit annulaire Brush.

Une variante de l'induit en anneau est celle imaginée par Brush, et qui. différant au point de vue du groupage des sections demande à être examinée à part.

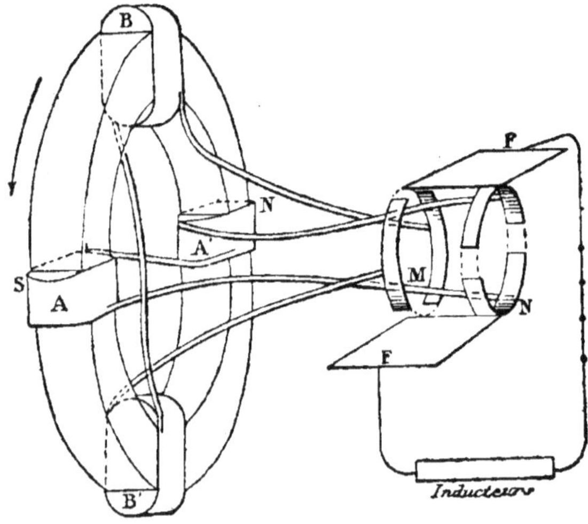

Fig. 6.

Dans cet enroulement. l'anneau de fer n'est pas entièrement recouvert par le fil, il comporte 8 ou 12 bobines distinctes et équidistantes : mais pour simplifier la théorie nous supposerons le cas de 4 bobines seulement placées à 90° les unes des autres comme le montre la figure 6.

Quand une bobine A par exemple passe devant un pôle sud. la bobine diamétralement opposée A' passe devant un pôle nord et au moment où ces deux bobines sont le siège de courants d'induction, les autres bobines BB' se trouvent au contraire inactives, et les bobines diamétralement opposées sont reliées entre elles, comme on le voit sur la figure, pour que leurs courants s'ajoutent. La machine se trouve par suite composée de deux paires de bobines perpendiculaires l'une à l'autre. Les bouts libres des fils de la paire AA' vont aux deux coquilles d'un commutateur N ; les bouts libres de BB' aux coquilles d'un commutateur M calé à angle droit avec le premier. Dans chaque commutateur les coquilles sont séparées par un intervalle correspondant à $\frac{1}{8}$ de la circonférence.

Considérons maintenant la paire de bobines AA' et supposons que les balais F et F″ ne portent que sur le commutateur N. On voit aussitôt que lorsque les bobines passeront dans le champ, les frotteurs recueilleront sur N les courants produits. Mais quand ces bobines passeront dans la partie neutre, les balais, au lieu de frotter sur les coquilles porteront sur les parties isolantes et ne seront plus en communication avec les bobines. De la même manière, les mêmes effets se retrouveront si l'on considère l'autre paire de bobines BB' et le commutateur M, c'est-à-dire qu'on recueillera les courants au passage des bobines dans le champ et que celles-ci seront mises hors circuit lorsqu'elles traverseront la région neutre.

Mais dans la réalité, les balais frottent sur les deux

commutateurs à la fois. Il en résulte qu'au moment
où une paire de bobines rompt sa communication avec
les balais, ceux-ci recueillent le courant de l'autre
paire, et le circuit extérieur est constamment ali-
menté.

Nous l'avons dit, en pratique on emploie huit bobines au lieu de quatre. Et pour passer de la théorie
que nous venons de donner à celles des huit bobines,
il suffit d'intercaler quatre enroulements symétriques
dans les intervalles, et alors on aura deux machines à
deux paires de bobines combinées, fonctionnant chacune comme nous venons de le dire.

Théorie de l'induit en bobine ou tambour.

D'une façon générale, un induit enroulé en tambour
constitue une sorte de longue bobine sur laquelle le
fil est enroulé dans le sens de la longueur.

La production du courant s'y effectue de la même
manière que dans un induit annulaire, il n'y a pas
lieu d'insister sur ce point et c'est seulement dans le
mode de jonction des différentes sections qu'il y a
quelques particularités à signaler. Considérons, par
exemple, la vue antérieure d'une bobine (fig. 7), celle
contre laquelle vient se placer le collecteur et admet-
tons qu'il n'y ait que huit sections. 1_e 1_s, 2_e 2_s, 3_e 3_s,
4_e 4_s, 5_e 5_s, 6_e 6_s, 7_e 7_s, 8_e 8_s. Le collecteur compor-
tera naturellement le même nombre de lames. Comme

on le voit, les bobines dont les numéros d'ordre se suivent ne sont pas placées côte à côte ; leurs liaisons sont faites suivant des cordes de la circonférence qui représente la projection du tambour, tandis que du côté opposé à celui de la figure, le croisement des fils est fait suivant les diamètres. L'ensemble forme ainsi un enroulement continu : $1_e\,1_s - 2_e\,2_s \ldots \ldots$ $8_e\,8_s - 8_s\,1_e$. Les lettres e et s veulent naturellement dire *entrée* et *sortie*. Quant à la jonction des sections aux lames du collecteur la figure indique suffisamment comment elle est faite pour que nous ayons à insister.

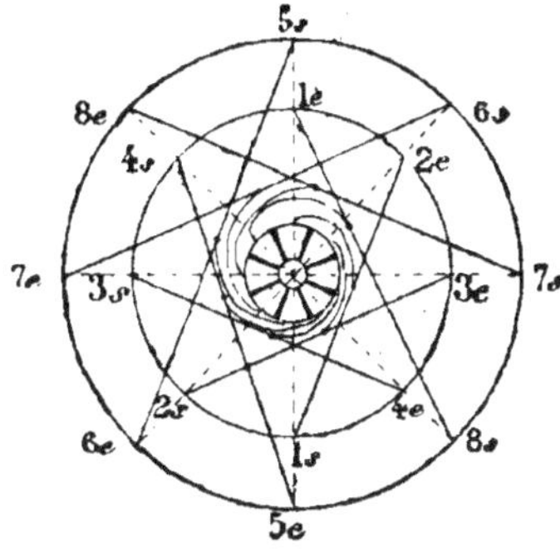

Fig. 7.

Si maintenant nous remarquons que par suite de cet arrangement il y a toujours deux bobines qui changent de polarité au même moment, et si nous appliquons la règle de Maxwell pour la détermination du sens du courant induit, nous verrons qu'à chaque instant deux balais placés en c et g. par exemple, permettront de recueillir le courant produit !

En pratique on n'emploie pas seulement quatre

paires de bobines, mais toujours un multiple de ce
nombre. Quant au mode de jonction, il n'est pas forcément celui que nous venons d'indiquer, il y a diverses variantes, mais qui conduisent toujours au
même résultat : constituer un circuit continu et une
figure symétrique.

Modes d'excitation des inducteurs.

Nous avons dit que dans une machine dynamo-
électrique, c'était le courant même produit dans la
machine qui excitait les inducteurs. Le fait est exact,
mais il est cependant quelques remarques à faire à ce
sujet pour faciliter la compréhension de ce qui va
suivre.

En effet, la relation entre le circuit inducteur et le
circuit général peut être faite de trois manières : les
inducteurs peuvent être excités en tension, en dérivation, ou à la fois en tension et en dérivation. Cela
donne donc lieu à trois modes d'excitation :

I. Excitation en tension ;

II. Excitation en dérivation ;

III. Excitation composée (machine Compound).

Excitation en tension.

La fig. 8 montre suffisamment la disposition générale d'une machine où l'excitation est faite en tension
ou en série.

En partant, en effet, d'un des balais, on voit que le courant traverse les inducteurs. le circuit général pour revenir à l'autre balai.

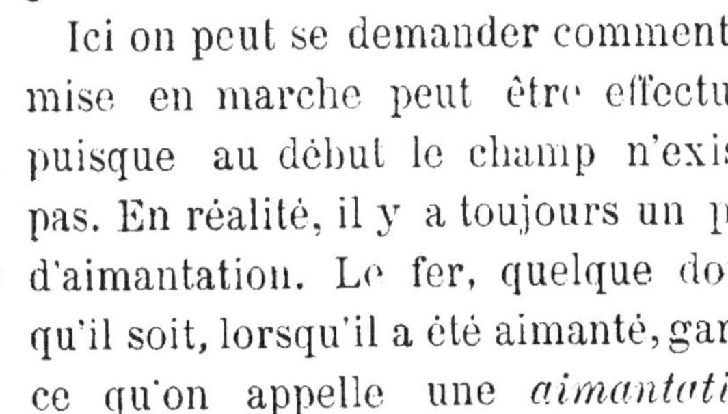

Ici on peut se demander comment la mise en marche peut être effectuée puisque au début le champ n'existe pas. En réalité, il y a toujours un peu d'aimantation. Le fer, quelque doux qu'il soit, lorsqu'il a été aimanté, garde ce qu'on appelle une *aimantation rémanente*, qui constitue un champ suffisant pour la mise en marche. Dans les premiers tours, le courant produit. qui est très faible, renforce légèrement le champ, celui-ci réagit à son tour, et peu à peu la machine prend avec la vitesse son débit normal.

Fig. 8.

Excitation en dérivation.

Le mode d'excitation en tension est employé dans un grand nombre de machines. Il a toutefois un inconvénient. Par exemple, dans certaines applications. telles que la charge des accumulateurs. la force contre-électromotrice développée par ceux-ci peut à un moment donné devenir supérieure à celle de la machine. Par ce fait le courant se trouve

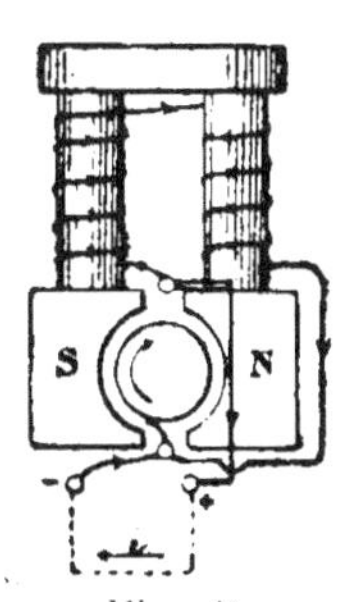

Fig. 9.

brusquement inversé et le sens des pôles inducteurs l'est de même.

Au contraire, dans l'excitation en dérivation cet accident n'est pas à redouter, et l'on a dans ce cas, comme le montre la figure 9, deux circuits séparés : le circuit inducteur et le circuit général, montés l'un et l'autre en dérivation sur l'anneau.

Excitation composée.

Dans les deux modes d'excitation que nous venons d'exposer, la variation du courant général influe directement sur le champ. Par exemple quand la résistance du circuit extérieur augmente, l'intensité d'excitation diminue dans le premier cas, et elle augmente au contraire dans le second. La force électro motrice n'est donc pas constante. Pour éviter cet inconvénient on a alors songé à combiner entre eux les deux modes d'excitation précédents pour faire une excitation composée comme le montre la figure 10. Le circuit inducteur est double, l'un, peu résistant, est en tension avec le circuit général, l'autre, composé de fil plus fin, est en dérivation. Les machines ainsi combinées qui portent le nom de machines Compound, peuvent donner une différence de potentiel

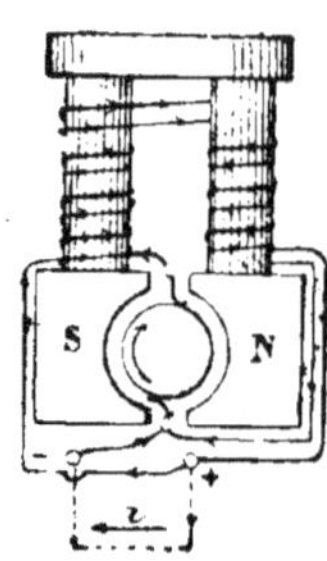

Fig. 10.

constante, car, d'après ce que nous venons de dire, quand l'intensité augmente dans un des circuits inducteurs, elle diminue dans l'autre et ces circuits peuvent être calculés pour que les deux effets s'annulant, l'intensité du champ demeure absolument constante.

Système d'unités.

Pour terminer le résumé des notions théoriques que nous venons de faire, il reste quelques mots à dire sur le système d'unités employé dans les mesures électriques.

En réalité, il y a deux systèmes adoptés : l'un théorique, l'autre pratique.

Le système théorique a pour grandeurs fondamentales la longueur, la masse et le temps, dont les unités sont respectivement le *centimètre*, la *masse du gramme* et la *seconde*.

Ce système est dit système absolu, ou plus commodément C. G. S., à cause des premières lettres des trois unités principales. Les unités mécaniques et électriques s'en dérivent par les équations fondamentales déterminant chaque grandeur : mais comme en ce qui concerne l'électro-magnétisme, les unités absolues sont infiniment petites par rapport aux mesures pratiques qu'on peut effectuer, les électriciens sont convenus de choisir des unités pratiques, qui sont des multiples des unités absolues.

Ces unités sont l'ohm, le volt, l'ampère, le coulomb, le farad et le watt.

L'*ohm* ω, unité de résistance, a été choisi à 10^9 de l'unité absolue de résistance R. On a donc

$$\omega = 10^9 R.$$

La valeur de l'ohm, dit ohm légal, adoptée par le congrès d'électriciens, est la valeur de la résistance d'une colonne de mercure de **1** millimètre carré de section et de **106** centimètres de hauteur.

Le *volt* e, unité de force électromotrice, a été choisi à 10^8 de l'unité absolue de force électromotrice; on a par suite

$$e = 10^8 E.$$

C'est à peu près la force électromotrice d'un élément Daniell fraîchement monté.

Toutes les autres unités dérivent de celles-ci. Par exemple :

L'*ampère* est le quotient d'un volt par un ohm :

$$i = \frac{e}{\omega} = \frac{10^8\,E}{10^9\,R} = \frac{I}{10}$$

L'ampère est donc le dixième de l'unité d'intensité et le *coulomb*, unité usuelle de quantité, est par suite le dixième de l'unité absolue.

Le *farad*, c, est l'unité de capacité. Or la capacité étant d'après la loi de Faraday mesurée par le quotient de la quantité par la force électro motrice.

On a :

$$c = \frac{q}{e} = \frac{\dfrac{Q}{10}}{10^8 \, E} = \frac{C}{10^9}$$

Enfin le *Watt*, w, qui est l'unité du travail électrique, est 10^7 de l'unité absolue du travail ; en effet on a :

$$w = e.i.t$$

Et pour une seconde :

$$w = ei = \frac{10^8 \, E \times I}{10} = 10^7 \, W$$

Au lieu de watt on se sert aussi du mot volt-ampère. La transformation du watt en cheval vapeur est facile.

L'unité absolue du travail W est égale à :

$$\frac{1}{9,81 \times 75 \times 10^7} \text{ cheval vapeur}$$

car $w = 10^7 W$. Or

$$w = \frac{1}{75 \times 981} \text{ cheval vapeur}$$

donc

$$w = \frac{1}{736} \text{ cheval vapeur}$$

DEUXIÈME PARTIE

CHAPITRE 1er

HISTORIQUE

Il en est de la machine dynamo-électrique, comme de toutes les inventions qui après de longs tâtonnements finissent par arriver à une forme pratique et prendre place parmi les engins employés couramment dans l'industrie. Au début, tant que les essais restent dans le domaine des laboratoires, le travail de chacun, n'attirant que l'attention des savants, reste pour ainsi dire inconnu ; peu à peu, le temps aidant, les premières expériences s'oublient, de nouvelles prennent leur place, et ce n'est qu'au moment où un inventeur plus ingénieux ou plus heureux que ses devanciers arrive à la réalisation pratique, qu'alors tout le travail des industriels, des ingénieurs se porte du même côté et que surgit la terrible question des antériorités. Le premier inventeur ? Quel est le premier ? Tous les jours on en découvre un nouveau, les collections des brevets, des journaux anciens sont fouillés avec ardeur, et pendant que les uns, de parti pris, s'arrêtent à celui qui a réussi le premier, d'autres mettent en lumière les noms les plus obscurs, et des troisièmes enfin, négligeant la forme dernière pour ne considérer que le principe même, remontent plus haut encore.

Dans ces conditions, lorsqu'on entreprend un travail comme le nôtre, et qu'on tâche de rendre le plus rationnel possible l'arrangement des faits qu'on expose, à la première page, on ne sait trop par où commencer.

Les machines dynamo-électriques ! C'est très bien ; mais quelle est la première ?

Faut-il nous arrêter à Gramme ? à Pacinotti ? à Clarke ? à Faraday ? à l'abbé Nollet ? Dans cette voie la pente est glissante, car toujours cherchant le premier principe, on arrive rapidement au bout d'ambre de Thalès de Milet, sans lequel en somme le mot électricité n'eût peut-être jamais existé. Il y a pourtant une limite à laquelle il faut s'en tenir ; si Gramme est le premier inventeur de la machine industrielle, on ne peut nier que d'autres, sans parler de Pacinotti, l'ont précédé ; la machine dynamo ne s'est pas faite d'une seule pièce, et sans vouloir revenir au déluge, c'est, à notre avis, aux expériences fondamentales que fit Faraday, en 1831, qu'il

faut remonter pour trouver l'origine première des
machines dynamo-électriques actuelles.

Anneau de Faraday.

Faraday, qui avait constaté le premier les phénomènes d'induction dans une hélice, par une deuxième
hélice dans laquelle il lançait un courant, en vint à
étudier les mêmes phénomènes résultant de l'aimantation et de la désaimantation du fer. Un des appareils
dont il se servit pour ces études est représenté dans la

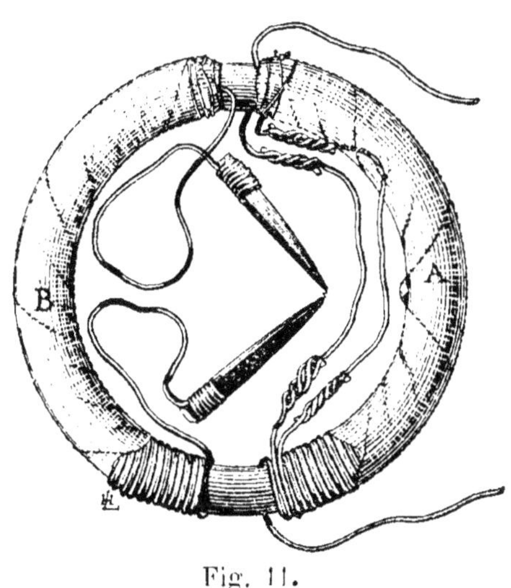

Fig. 11.

figure 11. Il se compose d'un anneau de fer doux de
deux centimètres d'épaisseur et de 15 centimètres de
diamètre. Dans la partie A de cet anneau il enroula
trois couches de fil de cuivre isolé, dont les extrémi-

tés libres permettaient le montage en dérivation ou en tension. Sur la partie B il enroula également du fil de cuivre et laissant, comme on le voit, aux extrémités d'un même diamètre, un certain espace nu entre les deux enroulements, il fit avec cet instrument les trois expériences suivantes. En fermant d'abord le fil de B sur un galvanomètre et reliant à une pile les extrémités d'une des hélices de A, il constata la production d'un courant induit au moment de la fermeture et de la rupture du circuit. Faisant ensuite la même expérience sur deux des enroulements de A, il reproduisit les mêmes phénomènes, et en troisième lieu, lançant un courant dans les trois hélices de A montées en tension, et terminant les extrémités de B par des charbons de bois, il obtint la première étincelle d'induction à chaque fermeture du courant et quelquefois, mais plus rarement, à la rupture.

Tel est, la véritable origine de la machine dynamo-électrique, car ce n'est en effet que lorsque ces expériences de Faraday furent connues, qu'on chercha de toutes parts à donner une forme pratique à ces découvertes.

Le 26 juillet 1832, en effet, Faraday reçut d'un inconnu signant M. P. un mémoire contenant la description d'une machine magnéto construite en vue de la décomposition de l'eau. Celle-ci, qu'on peut réellement considérer comme la première, se composait d'un disque de bois percé de six fentes équidistantes dans lesquelles six aimants en fer à cheval étaient in-

crustés. Ces aimants placés dans un plan perpendiculaire à celui du disque avaient leurs pôles en saillie
d'un côté, ceux-ci pour chacun d'eux se trouvant sur
un même rayon, et les polarités alternant d'un aimant
à l'autre. Ce disque ainsi monté, tournait dans un plan
vertical devant six armatures fixes en fer doux enroulées de fil isolé. Enfin pour obtenir au même instant
des courants dans le même sens dans toutes les armatures, le fil de celles-ci était alternativement enroulé
dans un sens et dans l'autre.

Machine de Pixii.

La machine M. P. ne sortit jamais du laboratoire.
Celle de Pixii au contraire fut la première qu'on vit
fonctionner en public, le 3 septembre 1832, jour où
Hachette la présenta à l'Académie des sciences.

Cette machine qui fait partie des cours de physique
et que tout le monde connaît, se composait d'un aimant en fer à cheval tournant devant les pôles d'un
électro-aimant de même forme. Les courants qu'elle
donnait étaient alternatifs.

Machine Ritchie.

L'année suivante, le 20 mars 1833, Ritchie présenta
à la Société Royale de Londres une machine de son

invention qu'il prétendit même être antérieure à celle
de Pixii.

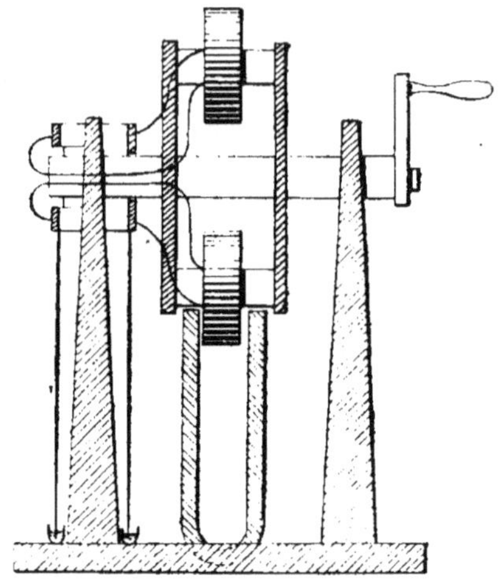

Fig 12.

Dans cette machine représentée en croquis dans la
figure 12, un bâti tournant supportait quatre bobines,
montées sur des noyaux de fer doux. Dans la rotation, ces noyaux passaient entre les pôles d'un aimant
en fer à cheval ; des courants induits prenaient naissance et leur prise était faite au moyen de godets à
mercure reliés à des plaques annulaires sur lesquelles venaient frotter les extrémités des fils des
bobines.

Machines Saxton et Clarke

C'est au Meeting de la British Association, à Cam-
bridge, en juin 1833, que la machine Saxton fit sa

première apparition. Comme le montre la figure 13 elle se composait d'un aimant en fer à cheval, placé horizontalement et devant les pôles duquel tournaient quatre bobines induites. Les prises du courant étaient faites par une petite roue et une pointe qui plongeaient chacune dans un godet de mercure.

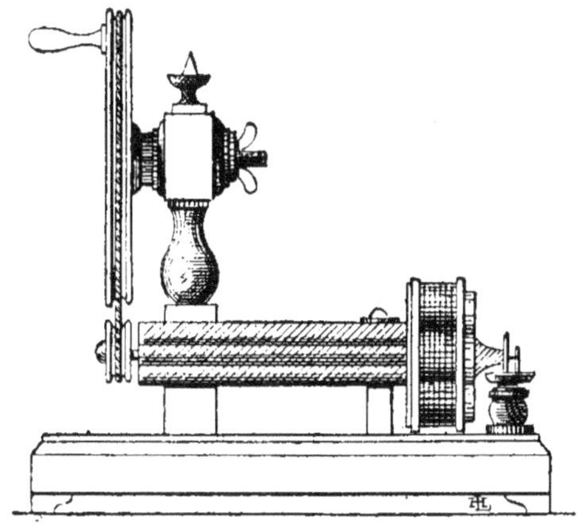

Fig. 13.

Bien que cette machine restât assez longtemps exposée à Londres, elle demeura à peu près inconnue jusqu'en 1836, époque à laquelle Clarke publia dans le Philosophical Magazine la machine qui porte son nom et qui ne diffère, on le sait, de la précédente, que par la position relative des bobines avec l'aimant.

Ces deux machines d'ailleurs, comme celle de Pixii, ne donnaient au début que des courants alternatifs ; l'interrupteur qu'elles possédaient ne servant qu'à la production de l'étincelle, et le commutateur proprement dit n'existant pas encore. Ce n'est en effet qu'en

1842 que Dove, dans un mémoire sur les perfectionnements qu'il avait apportés à la machine de Clarke,
publia la description d'un premier commutateur à
secteurs de cuivre sur deux tambours de bois où frot-
taient deux lames métalliques.

Machines Stohrer.

Les machines de Saxton et de Clarke, furent immédiatement suivies de quelques autres qui n'en furent

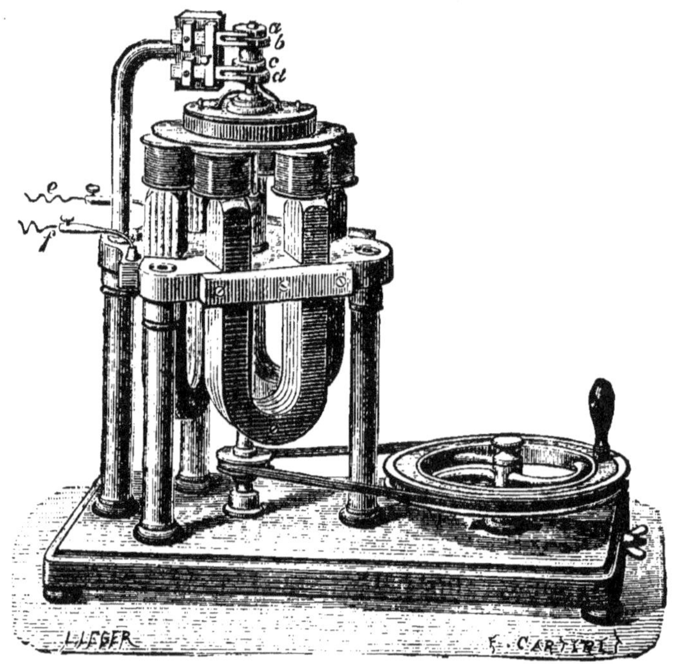

Fig. 14.

que des copies plus ou moins perfectionnées, notam-

ment celles de Page, de Weatstone, d'Ettingshausen,
etc., sur lesquelles il est inutile de s'arrêter. Nous signalerons toutefois la machine Stohrer, qui pour
ressembler beaucoup aussi à celle de Saxton, est cependant assez intéressante. La figure 14 la représente en perspective, telle qu'elle fut décrite dans les
annales de Poggendorff en 1844. Au lieu de quatre bobines, comme les précédentes, elle en possédait six et
les aimants verticaux devant les pôles desquels elles
tournaient étaient au nombre de trois, formant l'hexa-
gone. Quant à la commutation, elle était faite, comme
on le voit, à la partie supérieure de la machine, par de
petits excentriques *a,b,c,d*, que touchaient deux frotteurs à fourche.

La machine Stohrer est le premier exemple de la
multiplicité des bobines, et c'est d'elle pour ainsi dire,
que naquirent la machine de Nollet et celle de Shep-
hard qui, modifiée par Van Malderen, est connue sous
le nom de machine de l'Alliance.

Machine Siemens.

C'est à Siemens qu'est dû le premier progrès de
grande importance dans les machines électriques et
qui consista dans l'emploi, non plus de bobines multiples, mais d'une seule bobine longue, composée d'un
fer à T dans les gorges duquel le fil était enroulé
parallèlement à l'axe.

La figure 15 représente la bobine Siemens telle qu'elle fut construite et telle qu'elle l'est encore aujourd'hui.

La première application qu'en fit Siemens fut à

une machine composée de 28 aimants en fer à cheval disposés horizontalement sur la tranche, les uns à côté des autres, et constituant ainsi deux pôles longitudinaux entre lesquels la bobine était montée. L'armature Siemens fut à partir de ce moment la seule employée dans toutes les machines qui suivirent, et qui, de perfectionnements en perfectionnements, commencèrent à montrer les services qu'elles étaient appelées à rendre dans la suite.

C'est à cette époque aussi que naquit l'idée de l'emploi comme inducteurs, non plus d'aimants permanents, mais d'électro-aimants excités soit par une batterie de piles, soit par une petite machine magnéto-auxiliaire. Elle fut émise à peu près en même temps par Sinsteden et Soren

Fig. 15.

Hjorth vers 1849. Celui-ci construisit même une machine originale sur le type de la machine à vapeur, et ce fut lui aussi qui, en 1854, inventa réellement la machine dynamo-électrique, en brevetant une machine dans laquelle *l'excitation des inducteurs était obtenue par les courants induits produits dans la machine même.*

Machine Soren Hjorth.

C'est en 1849 que le physicien danois Soren Hjorth eut l'idée d'une machine électrique devant être appliquée comme source de force motrice, et dans laquelle les organes en jeu étaient des électro-aimants excités par le courant d'une batterie de piles. L'invention consistait dans l'emploi d'électro-aimants fixes et d'électro-aimants mobiles disposés de telle sorte que dans le mouvement les électro-aimants mobiles fussent amenés successivement à agir sur des parties séparées des électro-aimants fixes de manière à obtenir un mouvement rotatoire sur les attractions et les répulsions d'une partie, suivies par les attractions et répulsions d'une autre partie.

La machine Hjorth est représentée par la figure 16. Elle se compose d'un électro-aimant creux en fer à cheval A.A. conique intérieurement, enroulé de fil de cuivre et monté sur coussinets de manière à osciller autour de B. Cet électro porte intérieurement des saillies coniques de différentes longueurs correspondant à des creux de même forme dans les électro-aimants mobiles CC. Ceux-ci sont guidés par les tiges DD fixées au fond de A, et par l'intermédiaire d'une bielle communiquant un mouvement de rotation à l'arbre d'un volant.

Quant à la commutation, elle est opérée par un organe presque identique au tiroir d'une machine à vapeur et mené par la tige d'un excentrique. Venant du commutateur. le courant traverse l'enroulement de A, puis celui de C et retourne à la pile par un fil conducteur.

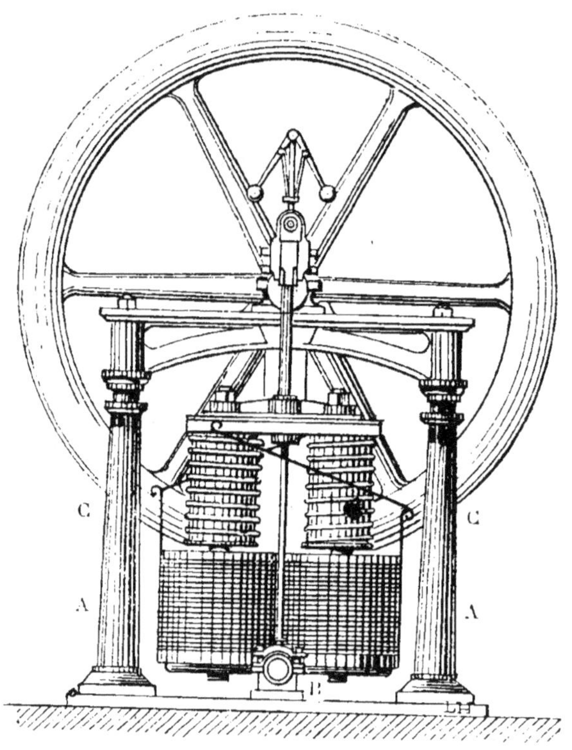

Fig. 16.

Dès que l'action du courant se fait sentir dans une des séries d'électro-aimants, une attraction réciproque a lieu, d'autant que les électros sont formés de telle sorte que la partie intérieure de l'électro extérieur, aussi bien que la partie extérieure de l'aimant intérieur, forment des angles avec la direction du mouvement de l'électro-aimant mobile. En même temps, des saillies de différentes longueurs se présentant aux pôles des aimants respectifs, une attraction très énergique est maintenue pendant toute la durée de la course par les parties successives des surfaces amenées à agir l'une sur l'autre. A fin de course, le commutateur change le sens du courant, ne rompant le contact avec une des séries que lorsque le courant agit déjà sur l'autre.

Enfin, dans cette machine, Hjorth avait joint une sorte de régulateur, réglant l'arrivée du courant. Il se composait d'une fourche métallique portant deux appendices en forme de coin, glissant sur des surfaces parallèles de telle sorte que le courant venant de la pile passait dans la machine avec une intensité, fonction de la somme des surfaces en contact.

Machine de Wilde.

Comme nous l'avons dit plus haut, c'est dans le mémoire de Sisteden que Wilde prit en 1864 le principe de sa machine : excitation des inducteurs par le courant d'une petite machine magnéto-auxiliaire.

Cette machine se compose, comme le montre la figure 17, de deux électro-aimants verticaux à section rectangulaire, pourvus à leur partie inférieure de pièces polaires entre lesquelles tourne une bobine Siemens. A leur partie supérieure les électros sont réunis par une culasse formant tablette et sur laquelle est fixé une petite machine magnéto Siemens à aimants verticaux en fer à cheval dont le courant traverse les enroulements des inducteurs.

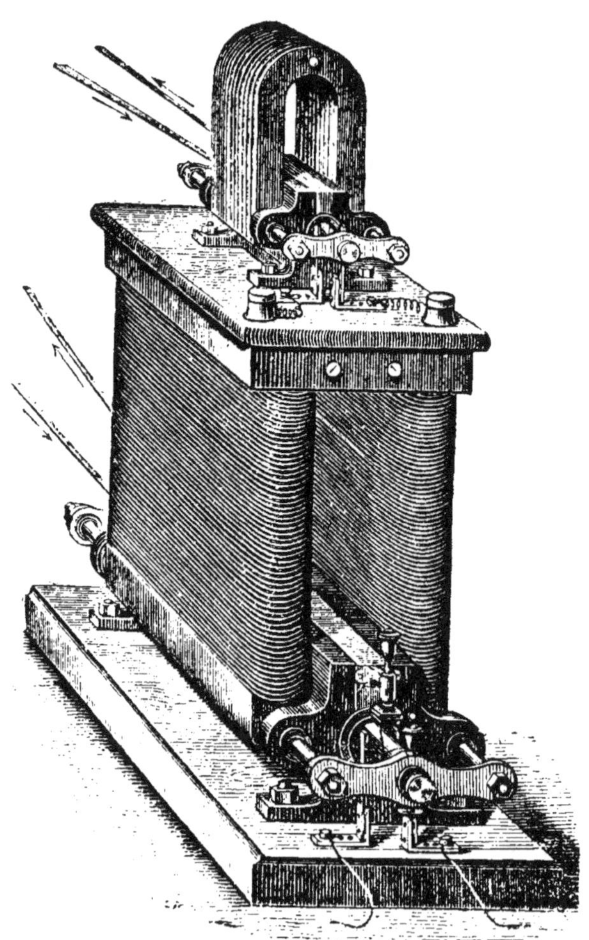

Fig. 17.

La machine de Wilde obtint un très grand succès
à l'Exposition de Paris de 1867 où elle fut présentée
pour la première fois. Le mouvement de rotation
était communiqué aux deux bobines par des poulies
et des courroies ; la bobine d'excitation faisait 2,400
tours par minute, et la grande 1,500 tours seulement.

Machines de Weatstone et Siemens.

L'idée de l'excitation des électro-aimants par le
courant même de la machine, avait été en 1855 émise
par Soren Hjorth, comme on l'a vu précédemment.
Sur ce point le doute n'est pas possible, devant la
phrase suivante accompagnant dans son brevet la
description de sa machine :

« Le trait principal de cette machine consiste dans
« l'application de deux ou plusieurs aimants perma-
« nents de fer fondu, en connexion avec autant ou
« plus d'électro-aimants, de telle manière que *les cou-*
« *rants induits dans les bobines des armatures tour-*
« *nantes soient amenés à passer autour des électro-*
« *aimants ;* conséquemment, plus les électro-aimants
« sont excités de ladite manière plus les armatures
« seront excités et plus il y aura par suite d'électri-
« cité induite dans leurs bobines respectives. »

Quoique le Danemark ne fût pas très éloigné des
centres du mouvement scientifique, l'idée de Hjorth,

cependant, passa inaperçue et il fallut qu'en 1856 S.
A. Varley, Werner Siemens et Ch. Weatstone redé-

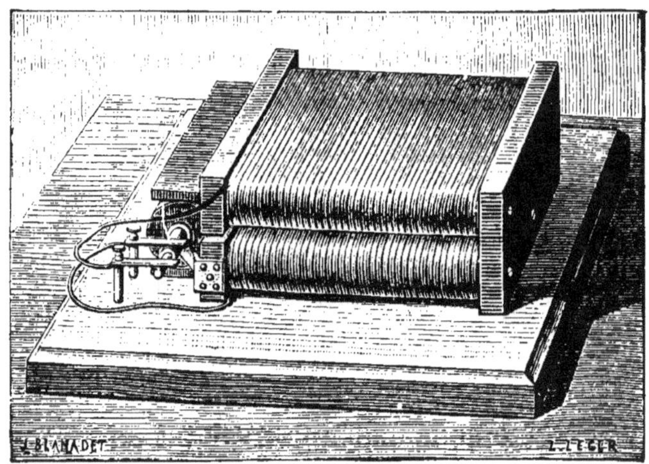

Fig. 18.

couvrissent à nouveau le même principe. Chose cu-
rieuse, ils le découvrirent on peut dire en même
temps, car si le brevet de Varley est daté du 24 dé-
cembre 1866, le mémoire de Siemens fut déposé à la
Société royale de Londres le 4 février 1867 et lu le
même jour que celui de Weatstone le 14 février 1867.

Les trois machines, d'ailleurs, étaient presque
identiques. Celle de Varley se composait d'électro-
aimants en fer à cheval entre les branches desquels
tournaient d'autres électros dont le fil était mis en
communication avec celui des premiers par l'intermédiaire d'un commutateur. Les inducteurs étant en
fer doux, on lançait dans ceux-ci un courant auxiliaire pour produire la première aimantation.

Les machines de Siemens et de Weatstone se ressemblaient encore entre elles davantage. L'une et l'autre n'étaient, comme forme extérieure, que la reproduction de la machine de Wilde, la petite machine supérieure supprimée.

La figure 18 représentant la machine Siemens montre, en effet, une machine de Wilde à inducteurs horizontaux et celle de Weatstone était identique à ceci près que les inducteurs étaient verticaux.

La machine Varley n'eut jamais aucune application pratique. Au contraire, nous verrons plus loin les applications dont furent l'objet celles de Weatstone et de Siemens.

Machine de Ladd.

A côté des machines précédentes, vint se placer à la même époque la machine de Ladd, qui figura à l'Exposition de 1867 avec celle de Wilde, dont elle était d'ailleurs inspirée.

Perfectionnant en effet une machine de Wilde, Ladd eut l'idée que si l'armature au lieu d'un fil en avait deux, le courant de l'un excitant les électro-aimants inducteurs, la puissance de ceux-ci serait augmentée et on pourrait recueillir dans le deuxième fil un courant considérable appliqué au travail extérieur. Partant de là, il fut ainsi conduit (fig. 19) à disposer deux bobines mises en mouvement par la

même transmission, tournant entre les pôles extrêmes M N, M N des deux électro-aimants horizontaux
B B : l'une des bobines faisant l'excitation, l'autre

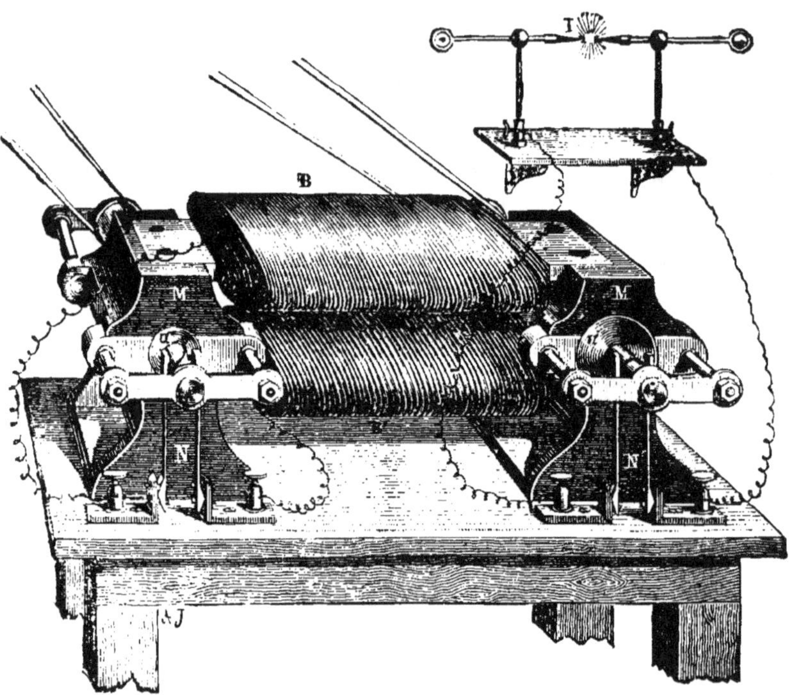

Fig. 19.

donnant une étincelle entre deux pointes de charbon
I. Une autre particularité de la machine de Ladd, est
qu'elle fut la première dans laquelle le *magnétisme
rémanent* fut mis en pratique pour le démarrage. Ladd,
à vrai dire, n'employa par le mot de rémanence. il ne
parla que du *magnétisme naturel,* du fourreau en fer
doux de la bobine : mais ce mot ne pouvait indiquer
autre chose que la faible aimantation qui existe
toujours dans le fer travaillé.

Les petites machines de Ladd qu'on trouve aujour-
d'hui dans les laboratoires, n'offrent pas la même disposition que celle de la figure19. On préfère employer

Fig. 20.

le modèle de Ruhmkorff, dans lequel les électros sont
verticaux, et les deux bobines réunies dans une seule
divisée en deux fractions placés bout à bout ; mais à
angle droit comme le montre la figure 20.

Moteur d'Elias.

Le progrès le plus important qui suivit l'excitation des inducteurs par la machine elle-même, fut la forme annulaire donnée à l'induit de la machine dynamo-électrique. Cette invention appartient sans contredit à Pacinotti, qui la mit en pratique en 1861. Néanmoins,

Fig. 21.

il existait avant lui un exemple d'induit en anneau, construit bien avant cette époque par Elias, en 1842, et qu'on doit citer ici, bien qu'il s'agisse d'un moteur et non d'une machine dynamo-électrique.

L'appareil que l'on voit dans la figure **21** se composait de deux anneaux concentriques. l'un extérieur fixe, supporté par les colonnes C C'. l'autre intérieur mobile. L'anneau fixe était divisé en six parties égales par des épanouissements tels que A A' et entre lesquels le fil de cuivre était enroulé de telle sorte que le courant entrant, par exemple, par un fil g à une extrémité du diamètre horizontal, se divisait également entre les deux moitiés de l'anneau pour ressortir en g à l'autre extrémité du même diamètre. En outre, d'un segment à l'autre, l'enroulement changeait de sens de manière à avoir alternativement un pôle Nord, un pôle Sud.

L'anneau mobile intérieur était construit de la même manière, les deux bouts de l'enroulement étant reliés au commutateur C par les fils ff. Le collecteur était constitué par six lames de cuivre équidistantes, dont trois à 120° étaient réunies à f et les trois autres à f'.

Pour faire tourner l'appareil. on fermait le circuit d'une pile sur l'anneau extérieur. puis par les bornes B B', les ressorts R R' et le commutateur on lançait le courant d'une autre batterie dans l'anneau mobile, et à ce moment par le jeu des attractions et des répulsions des pôles A A' a a'. l'anneau intérieur se mettait en mouvement.

L'anneau d'Elias était évidemment réversible, mais l'inventeur ne s'en aperçut pas, et c'est la raison principale pour laquelle Pacinotti apparaît comme

ayant inventé le premier l'induit en anneau dans les
machines dynamo-électriques.

Machine de Pacinotti.

Ce n'est qu'à l'Exposition d'électricité de Paris, en
1881, que la machine Pacinotti fut véritablement mise
en lumière bien que l'invention datàt de 1861.

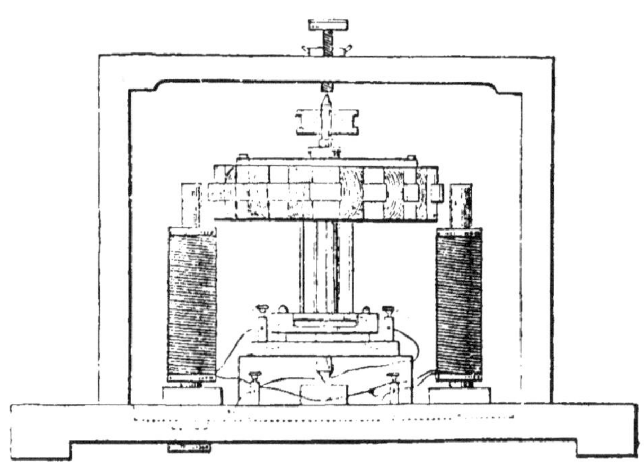

Fig. 22.

En effet, dans le journal *Il Nuovo Cimento* parut
en 1864 la première description de l'appareil construit
comme le représente la figure 22, en vue d'un moteur.
Pacinotti s'exprimait en ces termes :

« J'ai pris un anneau de fer tourné pourvu de 16
« dents égales ; cet anneau est soutenu par quatre
« bras en laiton BB qui le relient à l'axe de la ma-

« chine. Entre les dents, de petits prismes triangulai-
« res en bois forment des creux dans lesquels s'enrou-
« le un fil de cuivre recouvert de soie. Cette dispo-
« sition a pour but d'obtenir entre les dents de fer de
« la roue un isolement parfait des hélices ainsi for-
« mées. Dans toutes ces bobines le fil est enroulé dans
« le même sens et chacune d'elles est formée de 9 spi-
« res. Deux bobines consécutives sont séparées l'une
« de l'autre par une dent de fer de la roue et par le
« petit prisme triangulaire en bois. En quittant une
« bobine pour construire la suivante j'arrête le bout
« du fil de cuivre en le fixant au morceau de bois qui
« sépare les deux bobines.

« Sur l'axe qui porte la roue ainsi construite, j'ai
« groupé tous les fils dont un bout forme la fin d'une
« bobine et l'autre le commencement de la bobine sui-
« vante en les faisant passer par des trous pratiqués à
« cet effet dans un manchon ou collier en bois centré
« sur le même axe, et de là en les attachant au commu-
« tateur monté également sur l'axe. Ce commutateur
« consiste en un petit cylindre en bois ayant aux bords
« de sa circonférence deux rangées de mortaises dans
« lesquelles sont encastrés 16 morceaux de laiton. 8
« dans les supérieures, 8 dans les inférieures, les pre-
« miers alternant avec les seconds, tous concentriques
« au cylindre de bois sur lequel ils font légèrement
« saillie et dont l'épaisseur sépare une rangée de l'au-
« tre. Chacun de ces morceaux de laiton est soudé aux
« deux bouts de fil qui correspondent à deux bobines

« consécutives, de sorte que toutes les bobines com-
« muniquent entre elles, chacune d'elles étant reliée
« à la suivante par un conducteur dont fait partie un
« des morceaux de laiton du commutateur. Si donc
« on met en communication avec les pôles d'une pile
« deux de ces morceaux de laiton au moyen de deux
« galets métalliques G, le courant en se partageant
« parcourra l'hélice sur l'un et sur l'autre côté des
« points d'où partent les bouts de fils rattachés aux
« morceaux de laiton qui communiquent avec les ga-
« lets, et les pôles magnétiques paraîtront dans le fer
« du cercle sur le diamètre perpendiculaire à AA'. Sur
« ces pôles agissent les pôles d'un électro-aimant
« fixe qui déterminent la rotation de l'*électro-aimant*
« *transversal* et quand il est en mouvement, les pôles
« se reproduisent toujours dans les positions fixes
« qui correspondent aux communications avec la
« pile. »

Pour la première fois nous nous trouvons donc en
présence de tous les éléments complets qui constituent la machine dynamo-électrique telle qu'elle est
aujourd'hui : anneau induit mobile, électro-aimant
fixe, collecteur à lames, frotteurs.

Comme nous le disions aussi, Pacinotti vit immédiatement la réversibilité de son moteur sans cependant soupçonner la surexcitation des inducteurs.

« Il me semble, ajoutait-il dans son mémoire, que ce
« qui peut augmenter la valeur de ce modèle, c'est la
« facilité qu'il offre de pouvoir transformer cette ma-

« chine électro-magnétique en magnéto-électrique à
« courant continu. Si au lieu de l'électro-aimant il y
« avait un aimant permanent et que l'on fit tourner
« l'électro-aimant transversal on aurait en fait une
« machine magnéto-électrique qui donnerait un cou-
« rant induit continu toujours dirigé dans le même
« sens. »

Quant à la théorie de la machine Pacinotti, elle est
exactement celle de l'anneau de Gramme, qui n'en est
que la reproduction sous une forme très peu différente.

La machine Pacinotti ne fonctionna jamais que dans
le laboratoire : elle resta ignorée pendant de longues
années et c'était à Gramme qu'était réservé l'honneur
de donner la première machine dynamo pratique et
de créer par ce fait même toute une nouvelle industrie.

CHAPITRE II

Anneau Gramme.

Nous ne reviendrons pas sur la théorie de l'anneau Gramme que nous avons donnée dans un chapitre précédent. Nous avons dit que théoriquement il se

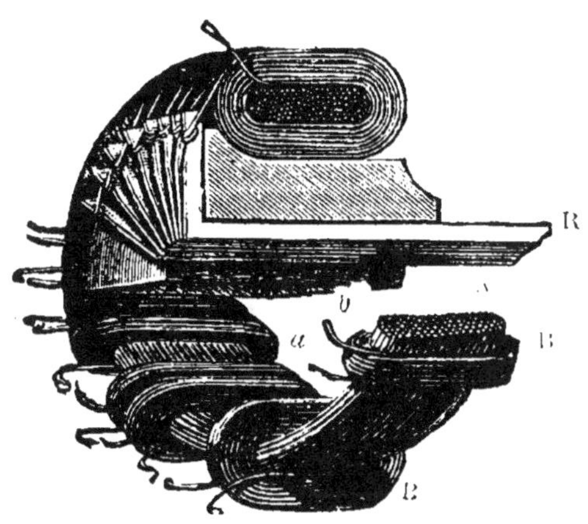

Fig. 23.

composait d'un tore de fer recouvert par une hélice en fil de cuivre isolé, et la figure 23 montre comment Gramme réalisa pratiquement ce principe.

Son induit se compose, comme on le voit, d'un an-

neau central A formé par un enroulement de fils de
fer, disposition ayant pour but d'éviter les courants
de Foucault. C'est sur ce noyau que le fil de cuivre
est enroulé sous forme de bobines séparées B, qui,
réunies en tension par leurs extrémités *a, b*, constituent une longue hélice continue fermée sur elle-
même, dans laquelle prendront naissance les courants induits. Cette réunion des sections entre elles
en fait un noyau de lames de cuivre R disposées
comme le montre la figure, et constituant par leur
prolongement ce qu'on appelle le collecteur. Celui-ci
a naturellement autant de lames qu'il y a de sections
de fil, et à chaque lame est soudée l'entrée d'une section et la sortie de la précédente. Les sections toujours en nombres pairs sont toutes égales entre
elles, c'est-à-dire que le fil qui les compose a le
même diamètre et que la longueur enroulée est identique. Ce fil est ordinairement isolé par deux couches
de coton enroulées en sens opposé, ou une couche de
coton et une couche de soie. Quant aux lames du
collecteur, elles sont séparées entre elles par des
feuilles d'amiante, de carton ou de tout autre matière
isolante. Enfin pour consolider le tout et empêcher
les fils de se séparer les uns des autres pendant la rotation, l'anneau est fortement cerclé à l'extérieur par
des fils de fer ou même de la ficelle goudronnée. L'anneau ainsi constitué est fixé sur l'arbre de la machine
au moyen de cales en bois fortement pressées et le
collecteur est consolidé sur l'axe par une ou deux
bagues de bronze entourées d'un isolant.

Aujourd'hui l'anneau Gramme est un peu modifié. L'anneau proprement dit est identique ; mais le collecteur en est indépendant, comme on le verra dans les machines suivantes. Celui-ci est formé par un manchon isolant claveté sur l'arbre et dans lequel sont encastrées toutes les lames séparées par des feuilles de carton.

Machine Gramme, type A.

Il y a, ou plutôt il y eut un assez grand nombre de types de la machine Gramme, car à mesure que l'emploi des machines dynamo-électriques s'est généralisé, on a vu constamment apporter des modifications dans la construction et la disposition des organes. Le premier type industriel est la machine d'atelier : type A, figure 24, dont le bâti est constitué par deux flasques verticales, supportant les paliers de l'arbre de l'induit et les électro-aimants inducteurs. Ceux-ci sont formés par deux bobines horizontales composées chacune de deux parties, dans lesquelles le fil est enroulé en sens inverse, de manière à faire au milieu un *point conséquent*, c'est-à-dire deux pôles de même nom accolés. Haut et bas, les pôles, il va de soi, sont de sens contraire, et le champ est ramassé autour de l'induit par les pièces polaires, dont sont munis les pôles conséquents. En somme, les flasques du bâti forment les culasses de deux électro-aimants en fer à cheval accolés par leurs pôles de même nom.

Les balais, constitués par des lames de cuivre flexibles.ou un faisceau de fils de cuivre soudés entre

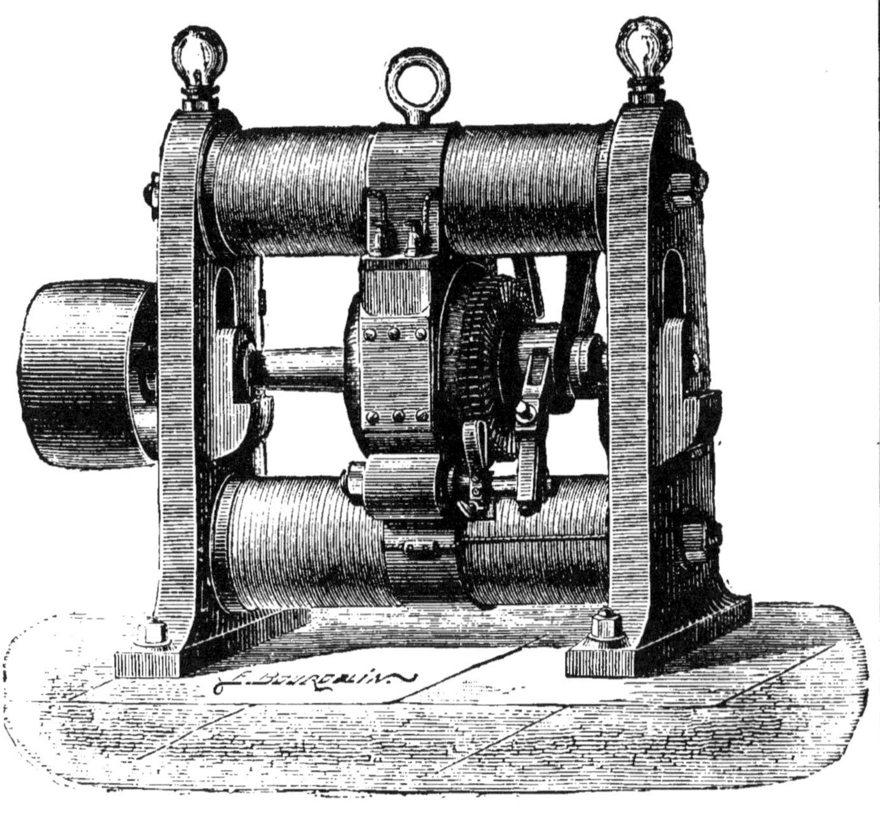

Fig. 24.

eux à une extrémité. sont maintenus dans une gaîne que supporte une flasque. et que des vis sans fin permettent de manœuvrer.

Inducteurs et induits sont montés en tension, c'est-

à-dire qu'en partant d'une des bornes, le circuit est
fermé par un des balais, l'anneau, le deuxième frot-
teur, les inducteurs en tension, la seconde borne et
le circuit extérieur.

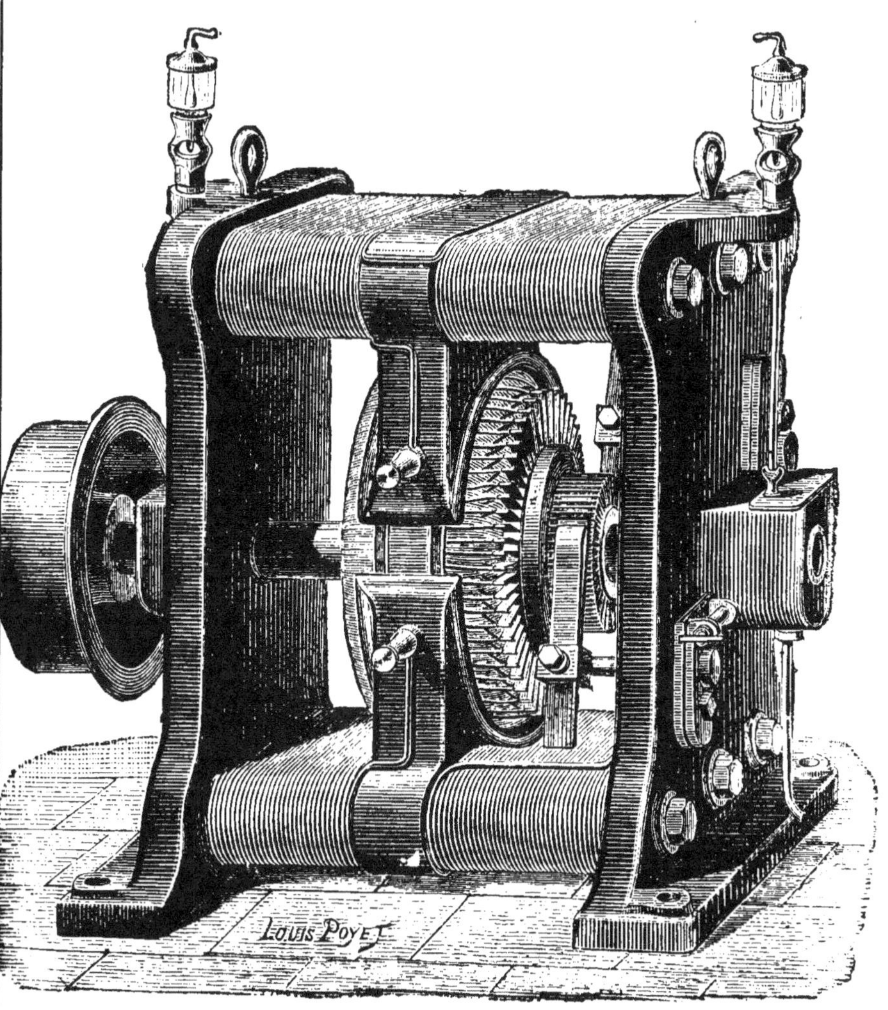

Fig. 23.

Tant qu'on ne put faire des machines de grande puissance dans de bonnes conditions de marche normale, la machine type **A** fut presqu'exclusivement employée. Aujourd'hui elle n'est l'objet que d'un nombre très restreint d'applications.

Machine Gramme, type D.

La machine A qui était en somme une bonne machine pour des petites forces, ayant eu le succès que l'on sait, Gramme conserva la même disposition générale pour des machines plus puissantes. C'est ainsi que naquit la machine D, figure 25, reproduction agrandie de la machine d'atelier. La seule différence consistait dans la forme des inducteurs qui, au lieu d'être à section circulaire, étaient formés par des noyaux de fonte plats. Cette machine, dont le champ magnétique était trop faible, ne donna jamais de très bons résultats, et fut assez vite abandonnée.

Machine ID.

Ce type fut imaginé par Gramme pour donner une machine de quantité capable d'alimenter un grand nombre de régulateurs montés en dérivation.

La disposition générale diffère complétement de celle des machines précédentes. Le champ magné-

tique y est constitué (figure 26) par 14 électro-
aimants verticaux, dont 8 extérieurs en un seul
morceau de fer reliant la base et le chapiteau de la
machine, ainsi que les deux demi-armatures. Les 6
autres électros sont formés respectivement de deux

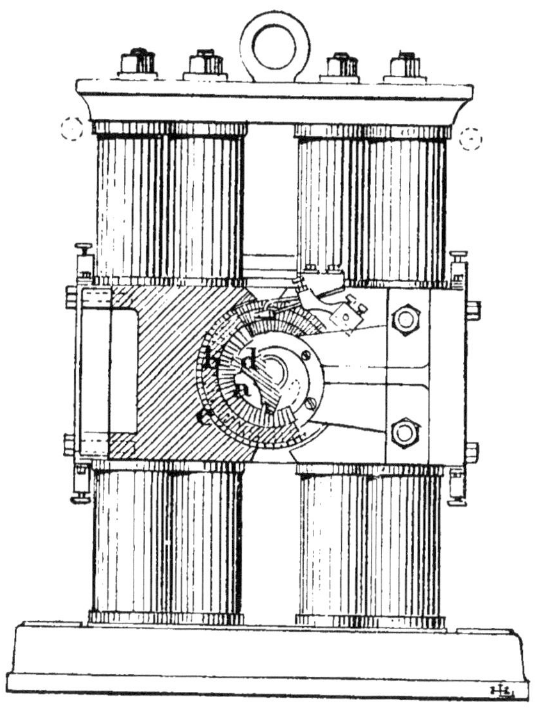

Fig. 26.

demi-colonnes et boulonnés par l'une de leurs extrémités sur les plaques de fonte supérieures et inférieures du bâti, puis enchassés par les autres
dans des cavités ménagées dans les demi-armatures.

L'induit qui doit fournir des courants de très haute

intensité, tout en étant un anneau à enroulement Gramme ordinaire est construit d'une façon toute spéciale. Il se compose d'abord d'une série de 100 lames de cuivre à section trapézoïdale, isolées les unes des autres par des enveloppes de carton bitumé et assemblées fortement ensemble de manière à constituer le cylindre intérieur a de l'anneau. Sur chacune de ces lames, dont la longueur est celle de la bobine même, sont entés à 75 millimètres des extrémités des rayons en cuivre rouge d qui devront servir à réunir les lames du dessous à celles du dessus. Les 75 millimètres ménagés aux extrémités, convenablement tournées, constituent le collecteur de la machine.

L'âme en fer doux est formée par un cylindre b concentrique à a et obtenu par l'enroulement d'un fil de fer recuit. Concentriquement à la couche de fer, b, 100 autres lames de cuivre analogues aux premières, mais de longueur moindre, constituent le cylindre c. La section transversale de ces lames est trapézoïdale, et elles sont fendues à chacune de leurs extrémités pour recevoir, par une soudure, celles des rayons d.

Il va sans dire enfin que chacune de ces lames est reliée par ses deux bouts avec les rayons d des barres a immédiatement voisines, de manière à réaliser ainsi l'enroulement connu de l'anneau Gramme.

Tout cet ensemble est fixé sur l'arbre de la machine par huit clavettes en fer qui viennent s'enchâsser sur huit rainures ménagées à l'intérieur de l'anneau sur 24 des barres *a* qui, ayant plus de hauteur, font saillie à l'intérieur.

La machine comporte deux collecteurs, mais il n'y en a jamais qu'un qui fonctionne.

Le poids de la machine ID est de 3.000 kilogrammes, sa hauteur 1^m,36. La résistance intérieure de l'anneau est de 0^{ohm},008, et à la vitesse de 700 tours, la machine peut développer 70 volts et 280 ampères.

Quoique très bien étudiée au point de vue du montage et de l'assemblage des pièces, cette machine ne peut donner qu'un champ magnétique très faible, comparativement au poids du fer des électros. En un mot, l'utilisation de la machine n'y est pas bonne. Cependant les résultats pratiques, dans les quelques applications qui en furent faites, furent assez bons ; mais aujourd'hui on n'en construit plus de pareilles.

Machine octogone.

Quand la question de la transmission de la force fut soulevée, et que la fameuse discussion sur les hautes tensions commença, Gramme dut modifier un peu le type de ses machines, pour les adapter à la nouvelle application.

Le modèle auquel il s'arrêta fut la machine dite octogone : la figure 27 explique le nom.

L'anneau y est de dimensions plus considérables
et enroulé d'un fil plus fin que dans les machines
précédentes. Les inducteurs, gros et courts, qui sont
au nombre de huit, sont deux par deux réunis par

Fig. 27.

une pièce polaire, pour former ainsi un champ à
quatre pôles assez bien ramassé ; mais cette disposition nécessite quatre balais au lieu de deux.

Les premières machines octogones étaient ce qu'on appelait alors des machines à haute tension. On pouvait avec elles atteindre 300 volts, chiffre singulièrement dépassé depuis.

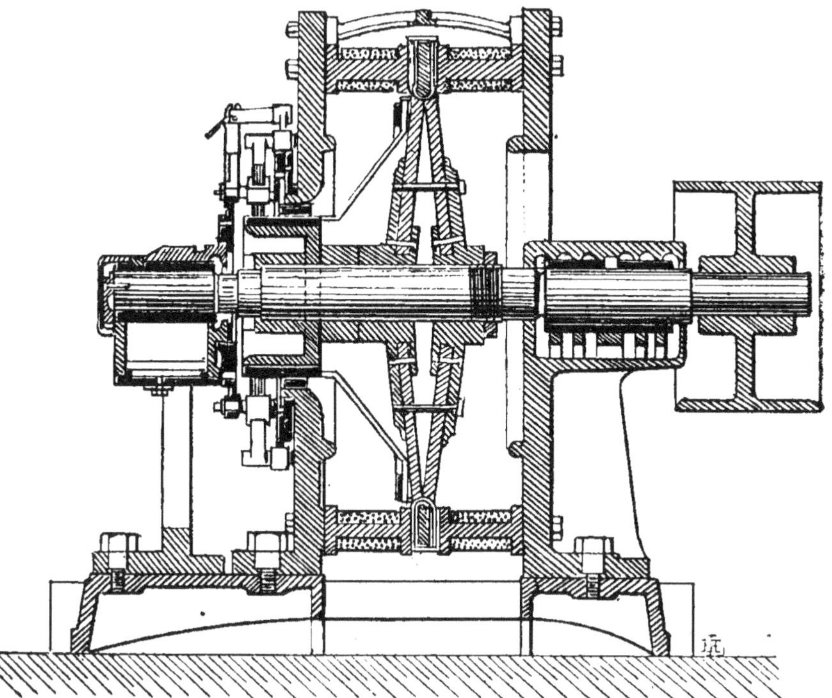

Fig. 28.

Machine multipolaire.

Pour le transport de la force également, Gramme fit également l'essai d'une machine multipolaire affectant la disposition générale que nous retrouverons plus loin dans les machines alternatives.

Les inducteurs se composaient de deux séries d'électro-aimants montés en cercle sur deux plateaux parallèles et perpendiculaires à l'axe de l'anneau qui, aplati, était influencé par ses deux faces.

Le nombre des pôles était de 12 paires et nécessitait par suite le même nombre de frotteurs. Cette machine dont la figure 28 est une coupe longitudinale ne sortit jamais de l'atelier. En effet dans les quelques expériences qui furent faites de nombreux inconvénients se révélèrent. D'abord tous les pôles de sens contraire se touchant presque sur un même disque il se produisit une déviation assez considérable des lignes de force que l'anneau ne pouvait utiliser. En outre, chaque branche d'électro ne renfermant qu'une très petite masse de fer, le champ par suite était toujours très faible ; et finalement, le défaut le plus grave résultait de la multiplicité des balais. En effet, le réglage, délicat souvent avec deux frotteurs, était presque impossible avec 12; plusieurs sections par suite se trouvaient fermées sur elles-mêmes, avant ou après leur passage dans la région neutre et les étincelles dont le collecteur était le siège empêchèrent ce type d'être jamais exploité.

Machine de l'Exposition de Vienne.

Enfin, lorsqu'en 1883, Gramme entreprit le transport de force qui alimentait la cascade de la Rotonde à l'Exposition de Vienne, il créa encore un type de machine spécial, figure 29, imité d'un petit moteur imaginé antérieurement par lui.

Comme dans la machine octogone, le nombre des pôles était de quatre, mais chacun d'eux était formé par trois électro-aimants, non plus verticaux, mais horizontaux.

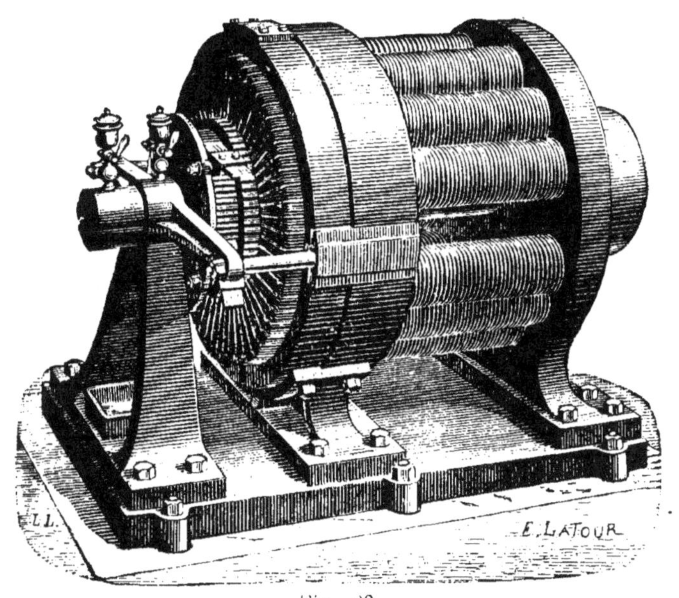

Fig. 29.

La génératrice absorbait 50 chevaux à 850 tours par minute, et la réceptrice à 700 tours donnait 30 chevaux.

Cette nouvelle machine qui était surtout défectueuse par la faiblesse des épanouissements polaires et par l'emploi de trois noyaux inducteurs pour chaque pôle, n'a pas, à notre connaissance, servi à d'autre application que celle que nous venons de signaler.

Machine Lontin.

Dès qu'avec la machine Gramme on vit apparaître la réalisation pratique de l'éclairage électrique, le problème qui se posa aussitôt fut celui de la division de la lumière. Or, c'est ce problème que Lontin résolut le premier, en construisant une machine capable de donner autant de courants distincts et indépendants qu'il est nécessaire.

En réalité, la machine Lontin était double et le générateur du courant se composait d'une machine à courants alternatifs actionnant les lampes et d'une plus petite dynamo à courant continu, dite excitatrice, qui créait le champ magnétique de la première. Le type de ces deux machines, qui était le même, fut appelé par l'inventeur : machine à pignons d'induction. Nous décrirons seulement l'excitatrice, que représente la figure 30, car la disposition générale de la machine alternative était la même, à ceci près qu'au lieu d'avoir l'induit mobile, c'étaient les inducteurs qui tournaient.

Le champ était constitué par deux électro-aimants verticaux NN, réunis par la culasse C. Les pièces polaires pp de ces électros tournées vers l'induit étaient mobiles, c'est-à-dire qu'on pouvait les approcher plus

P+
P-
K
F
F
N
N
A
M
C
C
SOCIÉTÉ LONTIN ET COMP⁰

E
E
P
P
P
P
A
A
A
A
A
A
A
A
a
a
E'
E'
k
F
N
F
LEROY

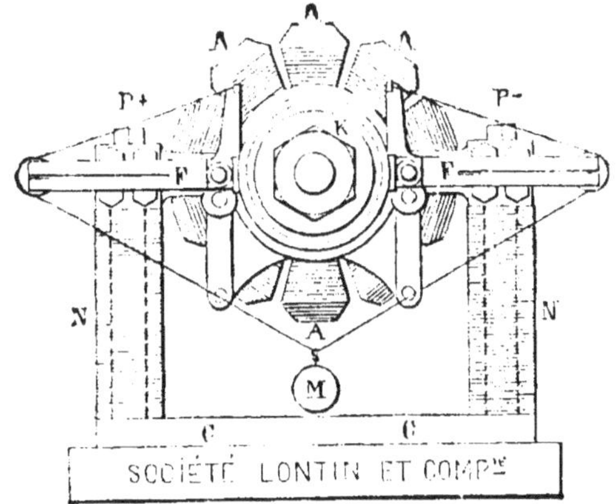

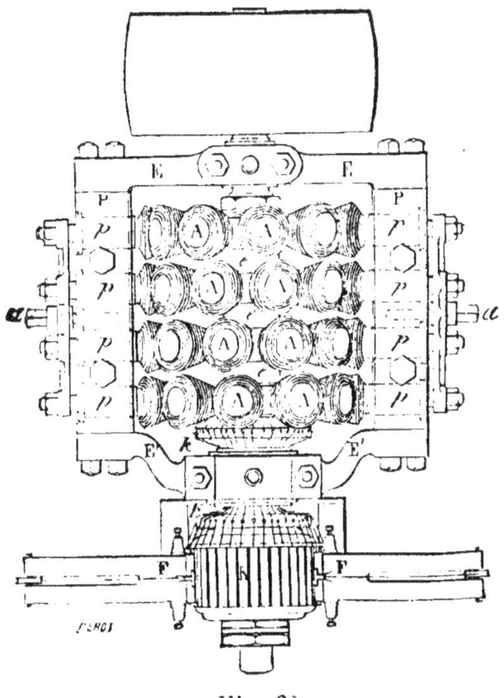

Fig. 30.

ou moins des pignons d'induction pour régler, en partie, la dépense de force motrice à la quantité de lumière à produire.

L'induit était formé par des bobines AA, dont les noyaux coniques en fer doux étaient implantés dans des disques de même métal. Il y avait quatre disques : 10 bobines chacun, et les disques enfilés sur l'arbre étaient séparés par des rondelles de bronze e. Enfin, pour multiplier les passages des bobines devant les pôles, celles-ci étaient distribuées sur une ligne inclinée par rapport à la génératrice. Le collecteur k de la machine était en dehors des paliers E, et les frotteurs maintenus dans des guides en bronze étaient uniformément pressés sur le collecteur par l'action d'une ficelle tendue par un poids M réglable à volonté.

Comme on voit, la ligne de partage des deux moitiés du tambour, celle où se trouvaient les contacts des balais, était située dans le plan même passant par les pôles inducteurs et l'axe de rotation. En effet, l'action qui prédominait dans la machine Lontin c'était l'induction magnétique produite par les changements d'état des noyaux, or, ces changements, ainsi que le renversement du sens des courants produits avait lieu au moment même du passage des noyaux devant les pôles.

C'est avec ces machines que fut installé l'éclairage de la gare de Lyon et de la place du Carrousel, mais depuis longtemps la société Lontin n'existe plus.

Machine Siemens.

Pendant qu'en France on travaillait dans le sens que nous indiquons, en Allemagne, la maison Siemens construisait un type spécial, à courant continu, dû à M. Heffner von Alteneck (fig. 31), avec un enroulement induit spécial dont nous avons donné la théorie dans un des premiers chapitres.

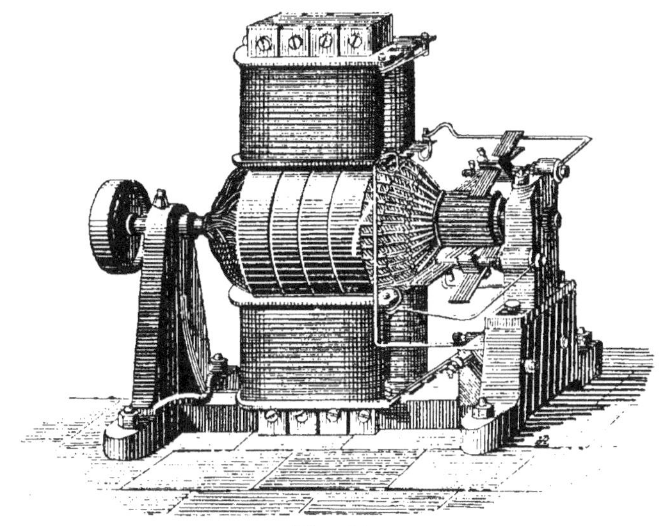

Fig. 31.

Au lieu d'un anneau l'induit avait l'aspect d'une longue bobine, composée d'un cylindre de fer sur l'extérieur duquel le fil de cuivre était enroulé parallèlement à l'axe de rotation. Pour construire cet induit, on faisait d'abord un noyau de bois composé de ron-

delles enfilées sur l'axe. sur lequel plusieurs couches
de fil de fer recuit étaient enroulées circulairement, et
c'était alors sur le tambour ainsi formé et recouvert
d'un enduit isolant. que le fil de cuivre était enroulé
comme nous l'avons dit.

Cet enroulement présentait sur celui de Gramme
l'avantage d'offrir une plus grande quantité de fil
utile. la partie inactive n'étant que celle occupée par
le croisement des fils aux extrémités longitudinales
de la bobine. En revanche, elle était de construction
plus délicate et ne pouvait pas en cas d'accident être
susceptible de réparation.

Les extrémités des sections étaient réunies à un
collecteur n'offrant rien de particulier.

Quant au champ magnétique, il était constitué par
deux électro-aimants verticaux à pôles conséquents
dont les noyaux étaient formés de barres de fer doux
mi-plates, cintrées. et laissant entre elles un léger
espace pour que la ventilation pût combattre l'échauffement de la machine.

Les inducteurs étaient montés en dérivation. Cette
disposition avait l'avantage de donner une grande régularité dans le travail et l'intensité du courant ;
mais en revanche lorsque la machine fonctionnait à
circuit ouvert, elle dépensait inutilement une certaine
quantité de travail qui ne servait qu'à chauffer la
machine.

Machine Bürgin.

Une autre construction d'anneau, tenant à la fois de l'induit Gramme et de celui de Lontin, est dû à M. Bürgin, de Bâle.

La première machine qu'il construisit correspondant au type A de Gramme, avait un induit formé par 6 anneaux accolés côte à côte sur l'axe de rotation. Chacun des anneaux était formé par un cadre carré de fil de fer sur chaque côté duquel une bobine de fil de cuivre était enroulée comme on le voit sur la figure 32. Les extrémités des bobines étaient reliées par un collecteur Gramme.

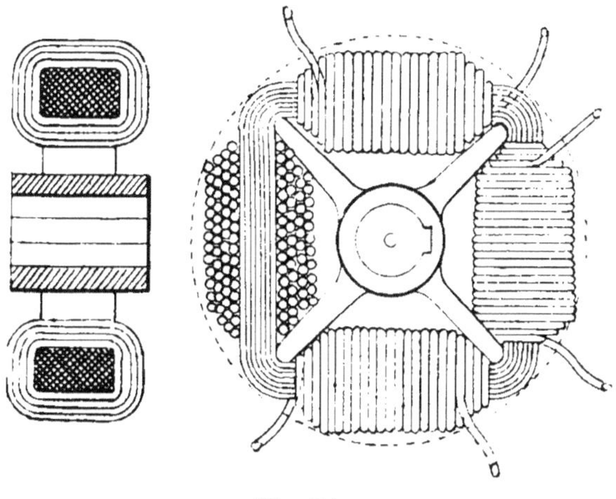

Fig. 32.

La construction de ces anneaux était des plus faciles, et comme ils étaient fixés sur l'arbre par un croisillon

dans lequel ils étaient encastrés, le montage et le démontage était des plus rapides. Comme dans la machine
Lontin, les six anneaux de Bürgin étaient disposés
sur l'arbre de manière à ce que les parties nues du fer
se trouvaient en hélice et passaient ainsi successivement devant le pôles inducteurs.

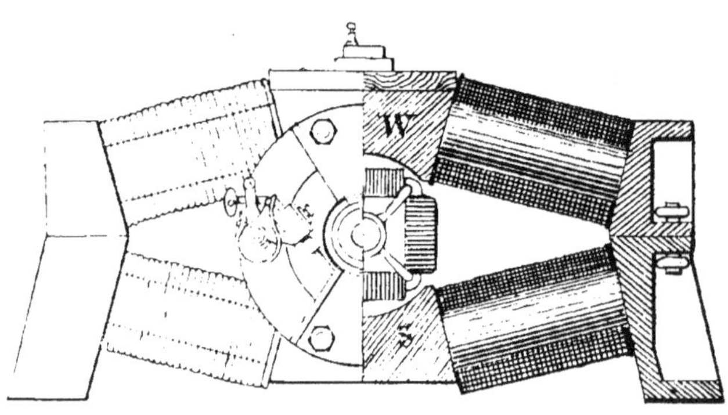

Fig. 33.

Ces pôles W. S. étaient formés par des inducteurs
montés en tension, et dont les branches convergeaient
comme le montre la coupe ci-jointe (fig. 33).

Les résultats pratiques de la machine Bürgin à courant continu ainsi que ceux de la machine alternative
construite sur le même principe furent très bons, et
c'est le même mode de construction de l'induit qu'on
retrouve dans les machines Crompton actuelles.

Machine Vallace Farmer

La machine que Moses Farmer inventa en 1875 et qui fut perfectionnée par M. Wallace, tient le milieu entre la machine Gramme et la machine Lontin.

Fig. 34.

La figure 34 montre en effet que dans cette machine l'induit était composé de bobines distinctes montées sur un plateau à côté les unes des autres, et tournant dans le champ magnétique créé par deux électro-aimants horizontaux agissant l'un d'un côté et l'autre de l'autre. En réalité la machine était double, car les bobines montées d'un côté du disque tournant étaient indépendantes de celles qui étaient de l'autre côté, et l'on pouvait utiliser séparé-

ment chacune de ces parties ou les réunir ensemble
en tension ou en quantité.

Cette machine ne fut jamais classée parmi les meilleures.

Machine Brush

Parmi toutes les transformations qui furent faites
des induits annulaires, celle qui est due à Brush est
une des plus originales.

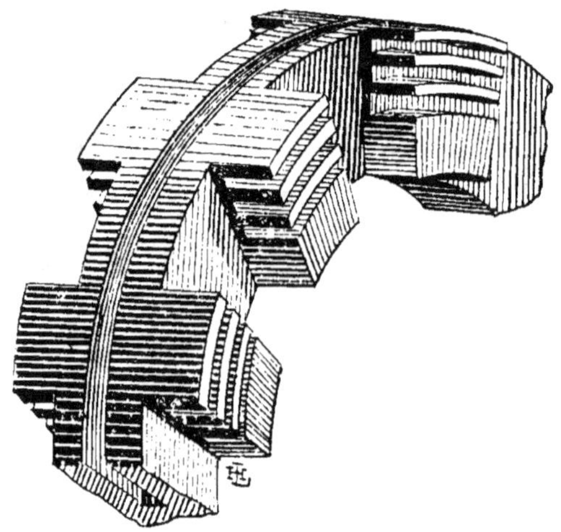

Fig. 35.

Nous avons déjà indiqué la théorie de cet anneau
à côté de celle des induits de Gramme et de Siemens
et n'avons ici qu'à montrer la physionomie générale
de la machine.

L'anneau de cette machine, qui possède huit bobines, a son noyau de fer constitué par un anneau de
fonte à section rectangulaire évidée comme le montre
la figure 35 par des échancrures qui ont pour but
d'alléger l'appareil et d'empêcher les courants de
Foucault de se fermer. La tranche porte un profond
évidement et sur le plat règnent trois échancrures
circulaires. En outre, huit évidements qui ménagent
la place que doivent occuper les bobines, rendent très-
facile l'enroulement et permettent le rapprochement
des pièces polaires du fer intérieur de l'anneau.

Chaque bobine est, comme nous l'avons dit, reliée
à celle qui lui est diamétralement opposée de manière
à constituer un anneau de quatre paires de bobines
tournant entre les pôles épanouis de quatre électro-
aimants à section méplate qui, dans le cas de la machine à 16 foyers, possèdent un enroulement de 900
mètres de fil de $0^m.004$ de diamètre. Chaque bobine
est formée par 270 mètres de fil de $0^m.002$ de diamètre ; et l'anneau est fixé sur l'arbre par un croisillon
de bronze à quatre bras.

Quant au collecteur sa disposition est toute spéciale.
Claveté sur l'une des extrémités de l'arbre, il est composé par quatre anneaux métalliques, (autant d'anneaux que de paires de bobines) séparés les uns des
autres et convenablement isolés de l'arbre.

Chaque anneau, comme on le voit sur la figure 36
est divisé en trois parties : deux métalliques A et B
auxquelles aboutissent les extrémités du fil et la

paire de bobine correspondante et une partie C isolante, qui, lorsqu'elle passe sur les balais, permet de mettre hors circuit la paire de bobine au moment même où elle se trouve au point neutre entre les deux

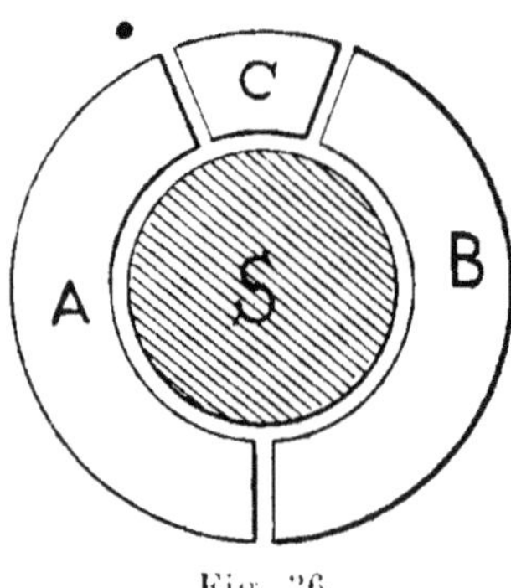

Fig. 36.

aimants. Cette paire de balais est alors inactive ; mais nous avons vu en effet que si elle restait dans le circuit. elle n'y représenterait qu'une résistance absorbant inutilement du travail.

Enfin les balais sont au nombre de quatre : deux portent à la fois sur deux anneaux pour qu'il y ait toujours trois paires de bobines en quantité sur le circuit extérieur. tandis que la quatrième passe aux points neutres.

Dans la première machine Brush (fig. 37) les inducteurs présentaient une particularité. Ils étaient formés par deux enroulements distincts, dont l'un gros et court était en tension avec le circuit extérieur tandis que l'autre relativement long et fin était monté en dérivation sur les balais et ne servait qu'à maintenir l'aimantation alors même que le circuit général était ouvert. Aujourd'hui on a renoncé à cet expédient dont les avantages étaient plutôt apparents que réels, et le circuit unique des inducteurs est tout entier en tension avec celui de l'induit.

Fig. 37.

La machine Brush fut la première machine à hautes tensions que l'on ait construite.

Le type de 16 foyers tournant à 700 tours développait une force électro-motrice de 800 volts et permettait d'alimenter les 16 foyers en tension, ce qui à son apparition n'avait pas encore été fait.

Machine Siemens et Halske (anneau plat).

Une autre modification également importante qui

fut faite à l'anneau Gramme, est celle qui consista à
lui donner une forme aplatie de manière à ce qu'il pût
être influencé par les inducteurs sur les faces latéra-

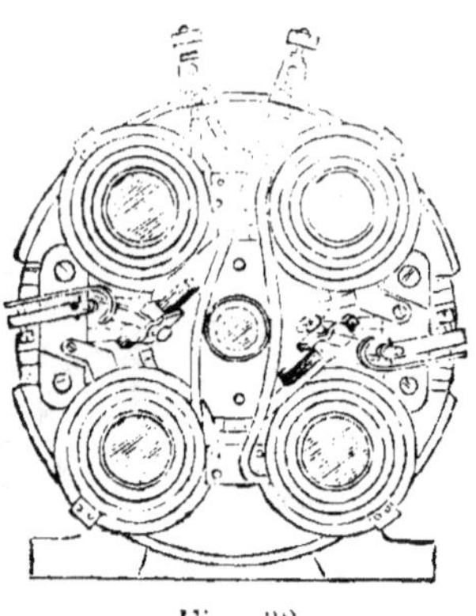

Fig. 38.

les et non plus sur la circonférence seule. C'est toujours en vue d'obtenir une meilleure utilisation du fil
induit que cette disposition fut imaginée pour la première fois dans une machine à galvanoplastie par MM.
Siemens et Halske.

La coupe transversale de cette machine, que représente la figure 38, suffira à la faire comprendre.

Elle comprenait, comme on le voit, de chaque côté
de l'anneau, quatre noyaux électro-magnétiques réunis
par des pièces polaires à cheval sur l'anneau de façon
à former seulement deux larges pôles. Par cette disposition l'induit était influencé par trois côtés et la
partie du fil inactive était réduite au minimum.

Quant à l'anneau, ce qu'il présentait de plus intéressant, c'était sa construction même. Comme il devait

donner un courant de très grande intensité et de faible force électro-motrice, il possédait un enroulement. non pas fait avec du fil de cuivre, mais avec des barres de cuivre nu, isolées les unes des autres par de l'amiante. En outre il n'y avait pas de collecteur et celui-ci était remplacé par la partie intérieure de l'anneau, faite légèrement conique pour que les balais puissent y venir frotter.

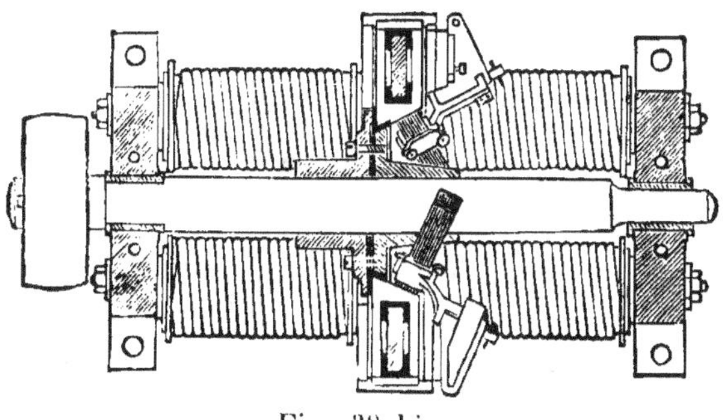

Fig. 38 bis.

Cette machine fonctionna longtemps dans les ateliers Siemens à Berlin ; mais elle ne fut jamais construite industriellement.

Machine Schuckert.

Au contraire, la machine dans laquelle la disposition de l'anneau plat reçut une véritable application pratique, est celle de Schuckert de Nuremberg qui est très répandue en Allemagne.

Comme dans la précédente, les pôles opposés entre lesquels tourne l'anneau, sont de même nom ; mais alors pour que les deux pôles n'agissent pas l'un sur l'autre, l'épaisseur du fer de l'anneau doit être assez considérable. L'inconvénient, c'est que les courants intérieurs dans le fer prennent plus facilement naissance. Pour éviter cette action nuisible, Schuckert fut conduit à former son anneau plat avec des couronnes de tôle mince superposées, mais isolées convenablement les unes des autres.

Fig. 39.

Comme le montre la figure 39, chaque pôle inducteur est muni d'une plaque de fer à peu près de la largeur de la couronne et qui forme aussi un épanouissement sur la surface de l'anneau ; mais les épanouissements des deux pôles de nom contraire qui se trouvent

d'un même côté, ne viennent pas jusqu'à la rencontre
l'un de l'autre et laissent entre eux un espace suffisant
pour permettre au fer de l'anneau dans sa rotation de
perdre sa polarité d'un inducteur à l'autre.

Fig. 39 bis.

Le collecteur de la machine Schuckert qui est placé
en dehors des flasques du bâti, est vissé sur l'axe. Il
peut être facilement démonté, d'autant que les fils de
l'anneau n'y sont pas soudés, mais vissés simplement.

Dans certaines machines, le constructeur a placé
deux collecteurs, l'un à un bout de l'arbre, l'autre à la
seconde extrémité. Le premier est le collecteur principal de la machine et le second, qui ne répond qu'à
un petit nombre de sections, sert à l'excitation des inducteurs.

Machine Edison.

Tous les types de machines que nous venons de nommer, résument à peu près tout ce qui s'est fait et tout ce qui existe dans les machines dynamo-électriques.

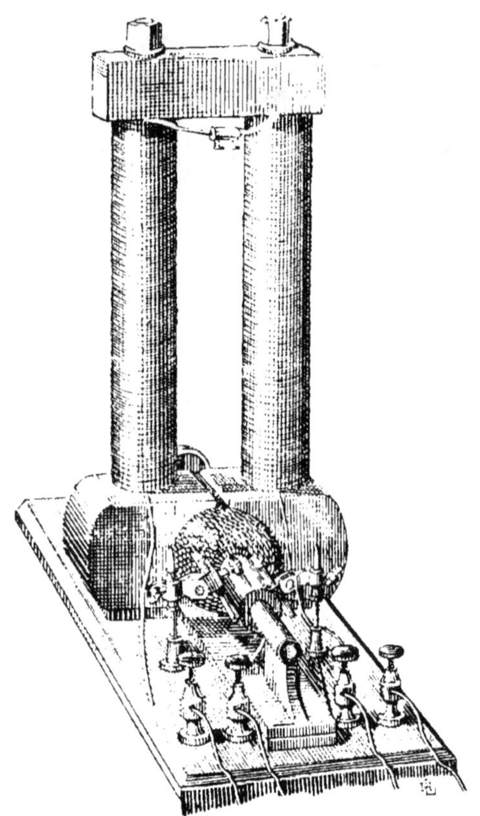

Fig. 40.

En effet, toutes les machines qui vont suivre rentreront plus ou moins dans un des types qui précédent. Elles s'y rattacheront, soit par l'induit, soit par les inducteurs, et les différences ne porteront plus que sur des détails de construction ou des variantes dans la disposition générale des principaux organes.

La machine Edison est de celles-là. Telle qu'elle fut imaginée au début et telle qu'elle est construite encore, elle est une machine Siemens par l'induit, et Gramme par les inducteurs.

La figure 40 montre ce que fut le premier type et ce qu'il resta jusqu'aux modifications qu'Hopkinson y apporta plus tard. La partie saillante de la machine qui la distingua des autres, immédiatement, ce fut la longueur immense des inducteurs.

Ceux-ci étaient composés de deux longs noyaux d'un diamètre relativement étroit, que réunissait en haut une traverse de fonte formant culasse, et qui se terminaient à leur partie inférieure par deux puissants épanouissements polaires entre lesquels tournait une bobine identique à celle de Siemens.

Voici textuellement en effet la description de l'induit Edison telle que la donna le *Scientific American* du 18 octobre 1879.

« La bobine consiste en un cylindre de bois monté
« sur un axe de 1 1/2 pouce et ayant attachées à ses
« extrémités des plaques de fer doux entre lesquelles
« se trouvent plusieurs couches d'un enroulement
« de fil métallique de fer doux. A l'extérieur des
« disques en fer, il y a des disques vulcanisés qui ont
« leurs périphéries entaillées afin de recevoir les di-

« verses bobines de fil métallique isolé enroulé
« dans le sens de la longueur sur le cylindre, et reliés
« à des barres de cuivre du cylindre commutateur. »

Il suffit de rapprocher cette description de celle
que nous avons donnée de l'armature Siemens pour
constater l'identité.

L'apparence de la machine était rustique. Tous les
organes y étaient réduits à leur plus grande simplicité et l'avantage principal consistait dans le choix
judicieux des valeurs relatives de la résistance intérieure et de celle du circuit extérieur. La résistance
intérieure était 1/10 de celle du circuit des lampes, et
naturellement il s'en suivait que 1/10 seulement de
l'énergie totale était perdu dans la résistance de la
machine. Les inducteurs étaient excités en dérivation. Par leur hauteur exagérée, Edison pensait alors
obtenir un champ magnétique très puissant. En en
multipliant le nombre il construisit des types de différentes puissances qui servirent aux premières
installations de lampes à incandescence, mais les travaux scientifiques qui suivirent, notamment ceux
d'Hopkinson, ne tardèrent pas à démontrer qu'un tel
emploi de la fonte n'était pas rationnel, et nous verrons que c'est surtout par les modifications apportées
aux inducteurs que la machine Edison devint ce
qu'elle est aujourd'hui.

Machine Weston.

La machine Weston, qui est américaine, fut présentée en France pour la première fois en 1878, sous la forme d'une petite machine à galvanoplastie. Elle passa, pour ainsi dire, inaperçue.

En 1881, au contraire, elle apparut sous son type industriel tel que le représente la figure 41.

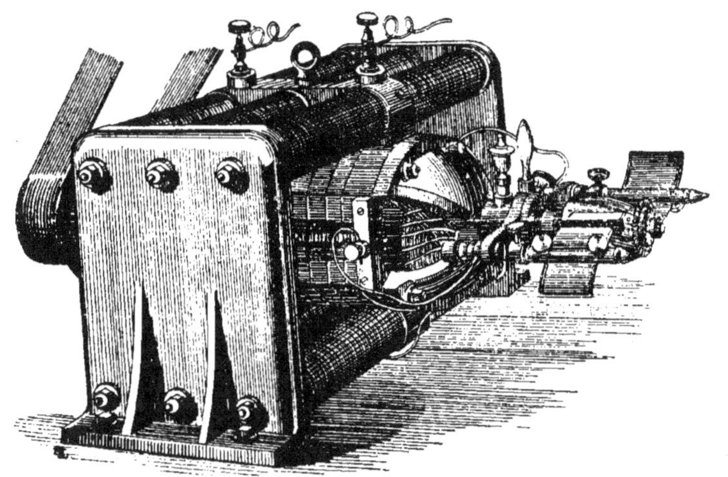

Fig. 41.

La disposition des inducteurs était celle de Gramme, avec les deux pôles conséquents, et la différence consistait seulement dans ceci, que la branche d'électro, unique dans la machine Gramme, était remplacée par trois branches distinctes ayant même culasse et même épanouissement polaire.

Quant à l'induit, dont l'axe occupait une direction

perpendiculaire à celui de l'anneau dans la machine Gramme, il consistait en une bobine Siemens d'une construction particulière.

Le noyau intérieur de fer, au lieu d'être formé par un enroulement de fil, était constitué par un assemblage de rondelles de fer découpées comme le montre la figure 42.

Chaque rondelle avait 16 dents et l'induit comprenait 36 de ces sortes de roues d'engrenages qui étaient enfilées sur l'arbre côte à côte, mais séparées entre elles par des rondelles isolantes.

Fig. 42.

L'ensemble présentait alors l'aspect d'un cylindre ayant 16 rainures longitudinales, dans lesquelles le fil de cuivre était enroulé comme dans la bobine Siemens.

Cette disposition qui avait l'avantage de concentrer le champ magnétique, assurait en outre une bonne ventilation pendant le travail.

Dans le même but, et aussi pour combattre la production des courants parasites, les épanouissements polaires étaient divisés par des fentes, comme on le voit dans la coupe schématique représentée sur la figure 43. De plus, la distance des ouvertures entre elles était plus grande au milieu que sur les bords, et c'était dans le but de donner à la production du courant une plus grande régularité que l'inventeur avait adopté cette disposition.

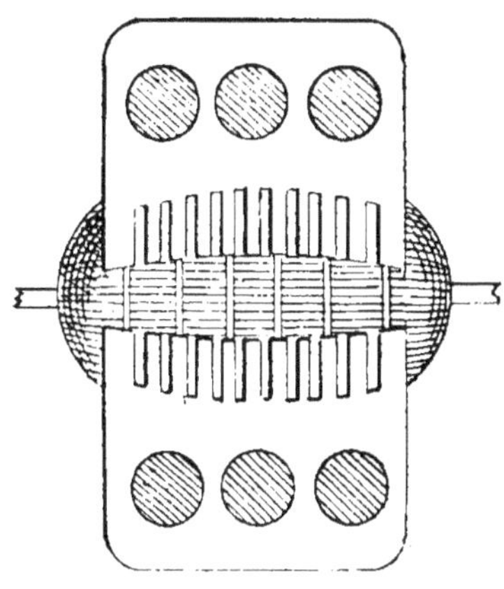

Fig. 43.

Le collecteur de la machine Weston était un collecteur Gramme, dans lequel les lames au lieu d'être droites étaient légèrement contournées en hélice pour qu'un balai ne quittant une section qu'après s'être mis en contact avec la suivante, les étincelles ne pussent plus se produire.

Machine Hiram Maxim.

C'est en 1880 que la machine Hiram Maxim prit

brusquement une assez grande importance industrielle en Amérique. En elle-même, elle n'offrait pourtant que peu de chose de nouveau. Extérieurement elle affectait *exactement* la forme de la machine Siemens à inducteurs en dérivation. La différence était seulement dans l'induit qui au lieu d'une bobine n'était autre qu'un anneau Gramme légèrement allongé. Quant à la construction de cet anneau elle était particulière. Le noyau de fer, comme dans la bobine Weston, était constitué par une série de rondelles découpées en roues dentées qui étaient enfilées sur l'arbre, et c'était dans les rainures ainsi disposées qu'était logé le fil induit pour constituer un enroulement Gramme ordinaire.

Dernières particularités. Dans ses installations d'éclairage électrique, H. Maxim se servait de deux machines ; l'une que nous venons de décrire, alimentant les lampes, l'autre toute semblable servant d'excitatrice du champ et ayant ses inducteurs en tension.

Cette disposition avait pour but de faire de la régulation. En effet la petite excitatrice était surmontée d'un appareil électro-magnétique en dérivation sur le circuit des lampes, qui par des roues d'engrenages et des vis sans fin pouvait faire varier la position des frotteurs sur le collecteur de l'excitatrice, et l'intensité du circuit inducteur, de la ou des machines principales. A l'époque, le régulateur H. Maxim eut un grand succès.

Machine Fein.

Cette machine, brevetée en 1880, par M. Fein de Stuttgard et qui depuis est employée en Allemagne, est une modification de la machine Gramme, qui prend place à côté des machines Schuckert. Mais tandis que

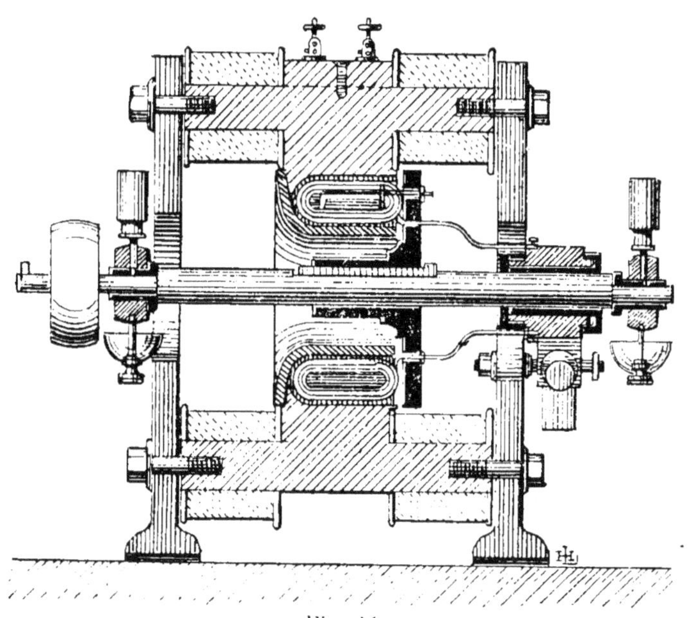

Fig. 44.

dans celle-ci comme dans la machine Gramme, l'anneau n'est influencé que sur ses faces extérieures, par la circonférence dans l'une, par les côtés dans l'autre, dans la machine Fein une disposition spéciale, représentée en coupe dans la figure 44, permet l'utilisation du fil intérieur de l'anneau.

A cet effet, l'anneau est fixé par des vis à une pièce de laiton en forme d'étoile clavetée sur l'axe. Les extrémités des fils de chaque section passent entre les branches ou dans des ouvertures percées dans cette pièce de laiton pour aboutir au collecteur placé en dehors du bâti de la machine.

Le noyau de fer de l'anneau est formé avec des lames de fer très-minces isolées par du papier.

Les inducteurs à pôles conséquents ont tous deux un noyau de fer commun embrassant la surface extérieure de l'anneau et auquel sont vissés des épanouissements polaires en forme de demi-entonnoir qui enveloppent l'intérieur et un des côtés de l'anneau.

De la sorte, la totalité du fil est soumise à l'inducteur; il n'y a que la partie accolée au disque étoilé qui soit inactive et par ce fait l'effet utile de la machine est naturellement augmenté, mais plus en théorie qu'en réalité, à cause du changement dans la distribution des lignes de forces, changement qui diminue leur densité à la partie extérieure de l'anneau.

Machine Schwerd et Scharnweber.

En même temps que Fein, MM. Schwerd et Scharnweber modifièrent la machine Gramme de la même manière et construisirent le modèle représenté (fig. 45 et 46) qui au contraire affectait un peu la forme générale d'une machine Siemens. Les inducteurs MM′ étaient réunis par deux pièces polaires munies

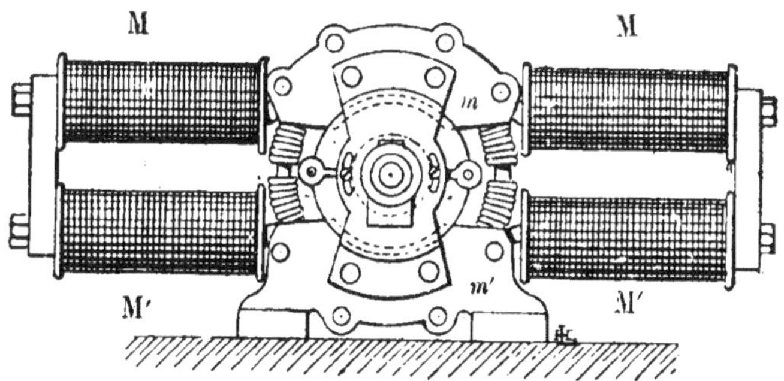

Fig. 45.

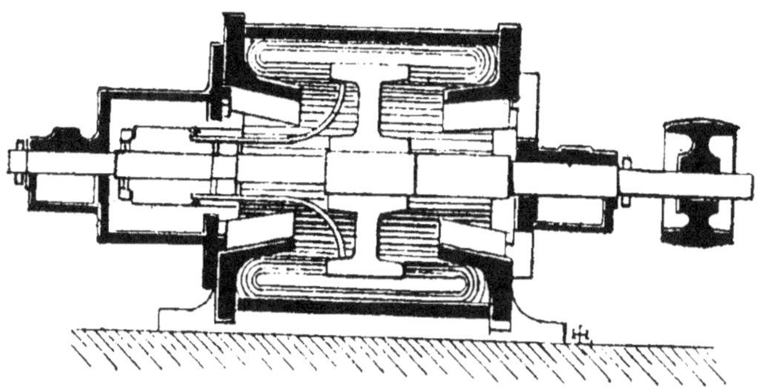

Fig. 46.

à leurs extrémités de deux épanouissements m_1 et m_2 embrassant une partie de l'intérieur de l'induit. Celui-ci qui était un anneau Gramme ordinaire était à son centre supporté sur l'axe par un moyeu de bronze S en forme d'étoile.

C'est à l'exposition de Munich que cette machine figura pour la première fois ; mais il ne semble pas que depuis elle ait été sérieusement utilisée.

Machine Elphinstone et Vincent.

C'est toujours dans la même catégorie que doit être
rangée la machine [Elphinstone et Vincent, dont on

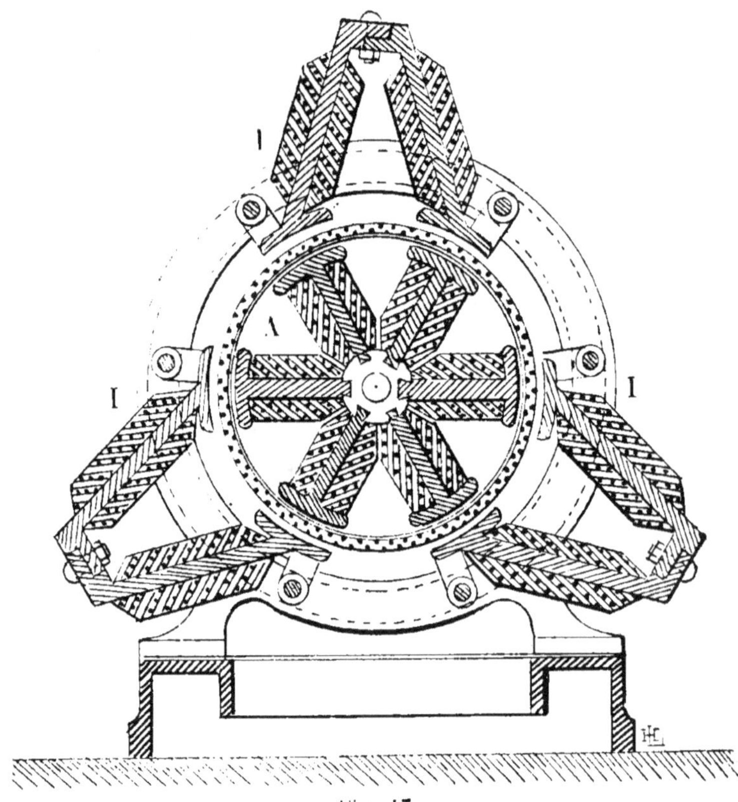

Fig. 47.

voit une coupe transversale dans la figure 47. Le
champ magnétique y est formé par des électro-aimants extérieurs I et six électros intérieurs fixes

ayant leurs pôles de même nom en regard, et entre lesquels tourne l'induit composé d'un cylindre de papier mâché supportant l'enroulement. Le fil induit est formé de cadres plats de la longueur même du cylindre et ayant une largeur égale à la distance qui sépare deux pôles. De la sorte lorsqu'un des côtés est influencé par un pôle, l'autre l'est par le pôle en sens contraire immédiatement voisin, et les courants ainsi produits s'ajoutent les uns aux autres.

Le nombre de ces cadres est de 36, c'est-à-dire qu'ils se superposent en partie ne formant, en somme, qu'une épaisseur assez faible.

Quant au collecteur, c'est un collecteur Gramme ordinaire dans lequel les lames sont reliées trois à trois par des communications triangulaires pour que deux balais puissent suffire, alors que pourtant la machine comporte six pôles.

Machine Jurgensen et Lorenz.

C'est également le même principe que celui des machines précédentes qui inspira MM. Jurgensen et Lorenz lorsqu'ils construisirent le générateur représenté figure 48. L'anneau induit était, en effet, un anneau Gramme formé de rondelles de fer accolées et réunies à l'arbre par deux plateaux de bronze, et dans l'intérieur duquel était disposé un système d'électro-aimants fixes.

Ces électros, de forme plate, étaient disposés en croix, ayant les pôles de même nom réunis par une pièce commune de fer doux et constituant ainsi deux pôles intérieurs qui se trouvaient en face les pôles extérieurs de même nom des inducteurs. Ceux-ci, qui affectaient la singulière forme que l'on voit,

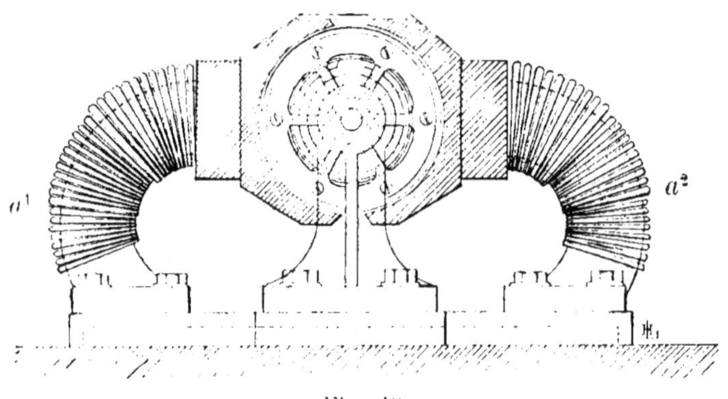

Fig. 48.

étaient formés par deux branches a_1 a_2 reliés au socle formant culasse, et présentant l'aspect d'un grand électro en fer à cheval muni d'épanouissements polaires. L'enroulement du fil inducteur était judicieusement compris. Comme les couches du fil les plus actives dans un électro-aimant sont celles qui sont le plus près des pôles, le nombre des couches n'était pas uniforme et allait en augmentant de la culasse aux extrémités polaires.

Enfin, dernier point intéressant, les disques qui reliaient l'anneau à l'arbre étaient munis d'ailettes formant ventilateur, et comme entre les tours du fil

des inducteurs un certain espace était laissé. la circulation de l'air combattait énergiquement l'élévation
de température des organes pendant la rotation.

Depuis l'exposition de 1881, cette machine a peu
fait parler d'elle.

Machine Edelmann.

L'enroulement des couches inégales du fil sur les
inducteurs fut aussi le point caractéristique de la ma-

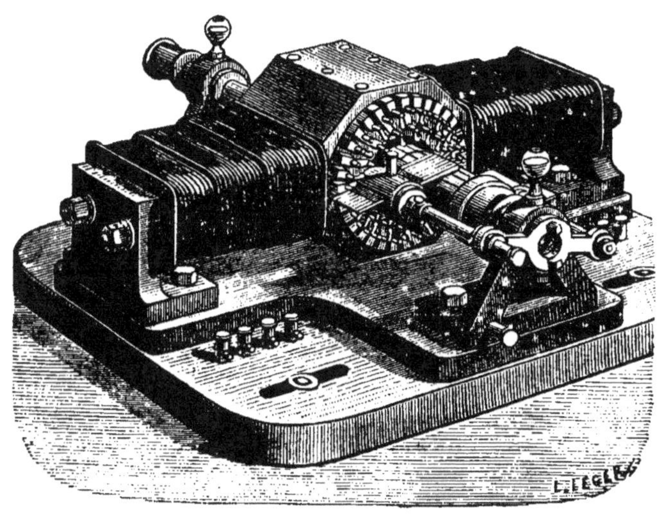

Fig. 49.

chine Edelmann (fig. 49), telle qu'elle fonctionna à
l'exposition de Munich. La disposition des inducteurs
était la même que celle de Jurgensen, mais la forme
était plus heureuse, et l'anneau, qui était un anneau

Gramme, n'était influencé par le champ que sur sa surface extérieure. Toutefois, un agencement spécial permettait de grouper toutes les sections de l'induit en tension ou deux par deux en quantité, et de faire agir en série ou en dérivation les trois enroulements des inducteurs.

Machine Einstein.

Une autre variante de la disposition précédente en

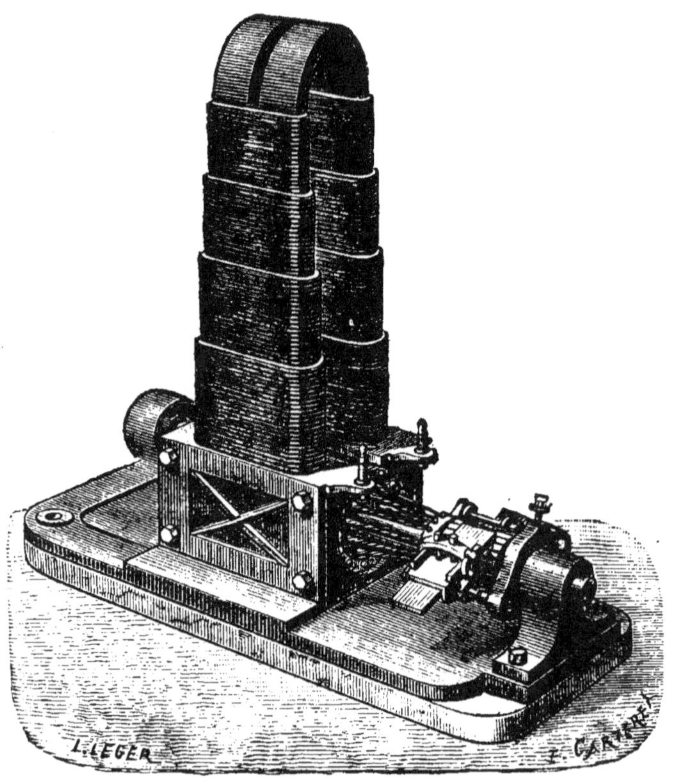

Fig. 50.

ce qui touche les inducteurs se retrouve aussi dans
la machine Einstein dont l'induit était aussi un anneau Gramme ordinaire. Comme le montre la figure
50, les électros inducteurs avaient une forme analogue à ceux d'Edison, mais, au lieu d'être constitués
par des noyaux cylindriques, ils étaient formés de
barres de fer recourbées en fer à cheval et excités par
quatre enroulements d'importance inégale, toujours
dans le but de concentrer l'aimantation aux extrémités polaires.

Machine Marcel Deprez.

Quoique M. Deprez n'ait créé aucun type industriel de machine et que ses travaux aient été surtout
théoriques, il y a quelques détails intéressants sur
les modifications qu'il fit subir à la machine Gramme
dans le cours de ses expériences.

Au début, lorsqu'il fit ses premiers essais de transport de force, dans le laboratoire d'abord, puis à Munich ensuite, il se servit de machines Gramme ordinaires, dans lesquelles il s'était borné à changer
les enroulements pour obtenir à une même vitesse des
tensions plus élevées. Si les résultats furent encoura-
geants, ils montrèrent toutefois que les machines
étaient défectueuses : que, notamment, le champ magnétique était trop faible, et que pour le transport de

force, un type spécial était à créer. M. Deprez étudia donc une machine nouvelle dans laquelle il chercha à réaliser le champ le plus intense, le plus économique possible avec la meilleure utilisation des matériaux.

Fig. 51.

Il s'arrêta à un type de machine à deux anneaux représenté figure 51. Le champ y était constitué par deux gros électro-aimants en fer à cheval placés horizontalement sur un socle peu élevé, les pôles de sens contraire en regard.

Deux champs se trouvaient ainsi formés et la machine comportait en effet deux anneaux Gramme enfilés bout à bout sur l'arbre.

Chaque anneau avait son collecteur distinct. Ils étaient montés en tension avec l'enroulement des inducteurs ; mais celui-ci composé d'une série de bobines distinctes pouvait, suivant les cas, offrir telle ou telle résistance, grâce à une table de groupement, où étaient réunies les bornes d'entrée et de sortie de chaque galette inductrice.

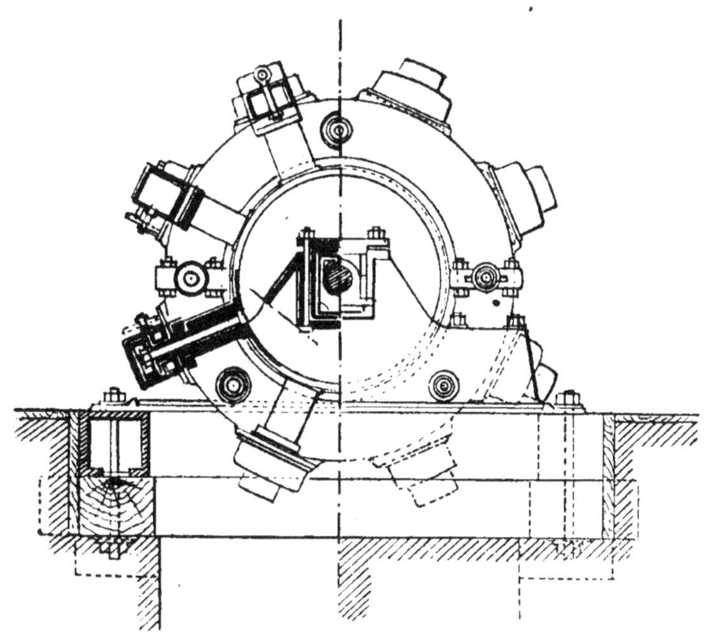

Fig. 52.

Cette machine, qui servit de génératrice dans la première expérience de la gare du Nord, donna de très bons résultats. En effet, l'intensité de circulation du courant était de 2.5 ampères, la résistance totale de la machine de 28 ohms et la quantité d'énergie dépensée dans le fil inducteur atteignait à peine 1/6 de cheval.

Les tensions en outre étaient assez élevées, et dans ces conditions la machine à 850 tours par minute donnait une force électro-motrice de 2,083 volts.

Plus tard, lorsque les expériences entre Creil et Paris furent décidées, et qu'alors le travail à transmettre devait être au moins de 50 chevaux, il fallut, pour une pareille puissance, créer encore du nouveau. M. Deprez, étant satisfait des résultats qu'avait donnés la machine à deux anneaux, voulut conserver le même type. Il fit usage de deux induits encore, employa les électro-aimants en fer à cheval, mais au lieu de deux, il en disposa huit en couronne, comme on le voit dans les figures 52 et 53.

Chaque pôle sur chaque anneau était donc formé par 4 branches réunies par un même épanouissement polaire.

Les anneaux étaient des anneaux Gramme d'une construction spéciale. Ils étaient sectionnés en 11 parties ajoutées les unes aux autres et formées chacune par l'accolement de tôles de fer séparées par du papier. Des boulons réunissaient ces segments les uns aux autres et deux sortes de roues à moyeux et raies de bronze ajustaient l'ensemble de l'anneau sur l'arbre.

Ces dispositions, relatives aux induits, étaient excellentes. Malheureusement la construction fut défectueuse, les lames de tôle furent mal isolées les unes des autres, et quand on voulut faire la mise en route, tout le travail fut absorbé en courants de Foucault.

Il fallut alors tout modifier, tout refaire ; mais le
temps pressant, on fit simplement construire de gros
anneaux Gramme ordinaires, on raccourcit les branches d'électros, qui étaient de longueur trop grande
relativement au diamètre, et c'est dans ces conditions

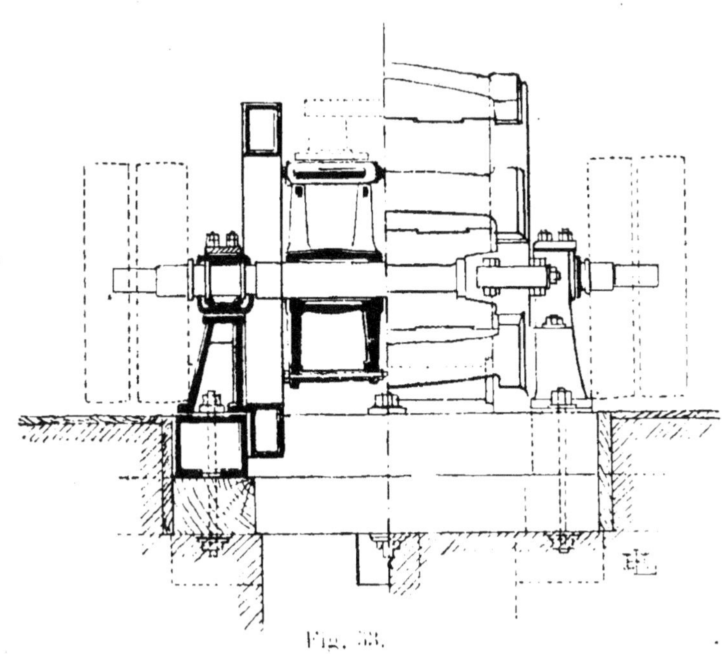

Fig. 33.

que le transport de 50 chevaux utiles fut opéré entre
Creil et Paris.

Naturellement, il est mille questions de détail que
ces machines comportèrent relativement à la construction des collecteurs, des balais, etc.; mille soins
qu'il fallut prendre en vue des hautes tensions à produire ; mais l'exposition de ces menues parties, quel

que intéressantes qu'elles soient, nous entraînerait beaucoup trop loin.

D'ailleurs, c'est avec ces machines que les plus hautes tensions furent obtenues.

La génératrice à 218 tours donnait 6000 volts.

La réceptrice 295 tours — 5450 —

Et le travail reçu était de 52 chevaux.

Ces expériences eurent, on le sait, un grand retentissement : mais de quelque manière qu'aient pu être interprétés les résultats, on dut reconnaître que le type de machine employé était défectueux, que le champ magnétique était notamment de beaucoup trop faible, et que pour une exploitation industrielle cette disposition de deux anneaux avec électro-aimants en couronnes devait être rejetée. Cependant, dans les études qui suivirent, M. Deprez resta fidèle à son idée première de deux anneaux. Il se borna seulement à modifier la disposition des inducteurs pour arriver aux champs magnétiques de grande intensité, et depuis peu, il a, paraît-il, adopté un type définitif donnant de bons résultats. Néanmoins, comme les expériences sont très récentes, nous ne pouvons donner aucun détail sur ce point.

MACHINES DYNAMO-ÉLECTRIQUES
A COURANTS ALTERNATIFS

Machine Lontin.

Les premières machines électriques, comme on l'a vu, furent des machines à courants alternatifs. Cependant, comme on songea dès l'abord à redresser les courants, et que les premières applications parurent devoir exiger des courants continus, on peut dire que les machines à courants alternatifs n'eurent d'existence réelle que lorsque la bougie Jabloschkoff vint nécessiter leur emploi exclusif pour l'usure égale des charbons. Il arriva alors ce qui était arrivé pour les machines à courants continus, que les travaux des électriciens se portèrent en même temps sur ce mode de générateurs, et que là encore, la question d'antériorité est assez difficile à établir.

Tout à peu près s'est fait à la fois. La machine Lontin, qui n'est pourtant pas la plus ancienne, semble cependant devoir être citée la première, ne serait-ce qu'au point de vue de l'imperfection et surtout de la forme donnée au système inducteur.

Lorsque nous avons décrit la machine Lontin, à courants continus, nous avons vu qu'il avait eu l'idée première de la machine alternative : l'indépendance des circuits. Quant à sa construction, elle présente, comme on le voit fig. 54, la plus grande analogie avec la machine à courants continus. Toutefois, les inducteurs au lieu d'être fixes étaient mobiles et composés de pignons magnétiques dont les pôles étaient alternativement de noms contraires. Les bobines induites recevaient également des polarités alternées et les courants créés au même instant dans leurs hélices avaient des directions opposées de l'une à l'autre : on obtenait une direction uniforme en reliant alternativement les entrées des unes et les sorties des autres. Néanmoins, par suite de l'éloignement et du rapprochement des inducteurs, les courants qui se succédaient étaient alternatifs.

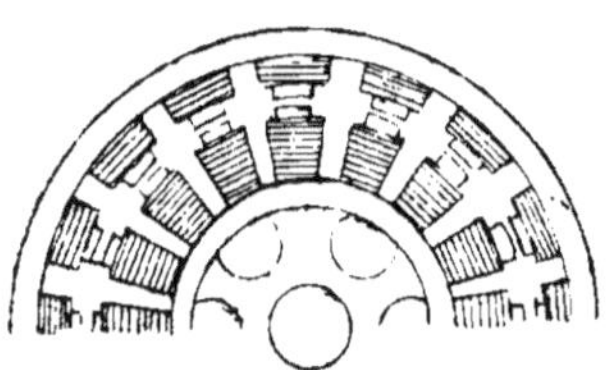

Fig. 54.

Les noyaux inducteurs A avaient leur âme en fer fixée sur une poulie de fonte a montée sur un arbre en acier. Les enroulements étaient reliés les uns aux autres mi-quantité, mi-tension, suivant la valeur du courant excitateur et les extrémités du circuit total, étaient attachés respectivement à deux anneaux de frottement. Ceux-ci étaient constitués par deux anneaux de laiton montés sur l'arbre et isolés de celui-ci.

Enfin les électro-aimants induits B. dont les noyaux étaient fixés à l'intérieur de l'anneau de fer *b*. formaient autour du pignon une couronne dentée intérieurement. Chaque enroulement de fil de cuivre venait aboutir par ses extrémités de chaque côté de la machine.

La machine alternative de Lontin, comme celle à courants continus, a complètement disparu.

Machines Gramme.

La première machine alternative que construisit Gramme était presque identique à celle de Lontin, et quelques mots suffiront à la faire comprendre.

L'inducteur était mobile, l'induit fixe. Le système inducteur était constitué par un pignon formé d'électro-aimants rayonnants fixés sur l'arbre, et le système induit, au lieu d'être formé par une série de bobines rayonnantes. n'était autre qu'un grand anneau Gramme entourant complètement le pignon inducteur.

Cette machine n'eut qu'un petit nombre d'applications. et Gramme bientôt en construisit une autre dite *auto-excitatrice*, qui est encore employée aujourd'hui. Celle-ci. qui est représentée dans la figure 55, ne diffère pas essentiellement de la précédente.

Fig.

en ce qui touche du moins le générateur des courants
alternatifs ; mais au lieu d'avoir une excitatrice indépendante, elle s'excite elle-même, grâce à l'artifice
suivant.

L'arbre du pignon porte à l'une de ses extrémités
un anneau de machine à courants continus, tournant
dans un champ créé par quatre électro-aimants
réunis deux à deux par une pièce polaire : de la
sorte, les deux machines font corps, n'ayant qu'un
seul bâti, une seule poulie motrice, et le courant de
la petite machine continue est entièrement utilisé
à l'excitation du pignon inducteur. Les deux modèles
principaux de cette machine pèsent l'un 280 kilog.,
l'autre 470 et peuvent alimenter respectivement 12 et
24 bougies.

Machine Jabloschkoff.

Jabloschkoff, pour les bougies duquel furent cons-

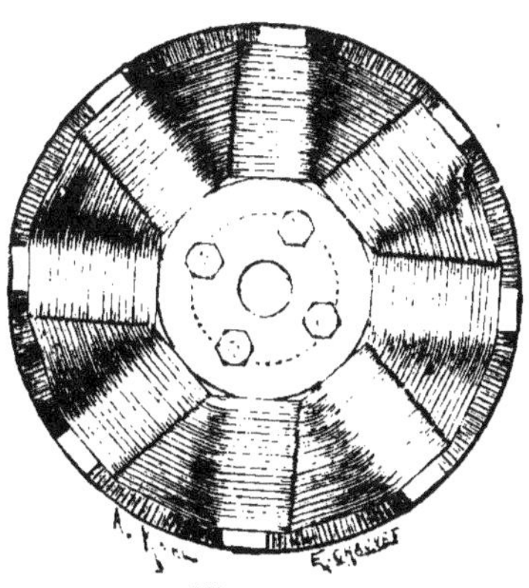

Fig. 56.

truites les premières machines à courants alternatifs,
voyant le développement que prenait son système
d'éclairage, chercha à construire une machine
spéciale exempte des défauts de celles qui existaient.

Il garda comme Gramme l'induit fixe, l'inducteur
mobile, il conserva la disposition en pignons rayonnants, mais il donna à ceux-ci une forme spéciale et
au lieu d'un anneau induit, comme Gramme, enve-
loppant la machine, il disposa ses bobines induites à
côté les unes des autres pour rendre plus facile la surveillance du système induit. La figure 56 montre la
forme générale de la machine.

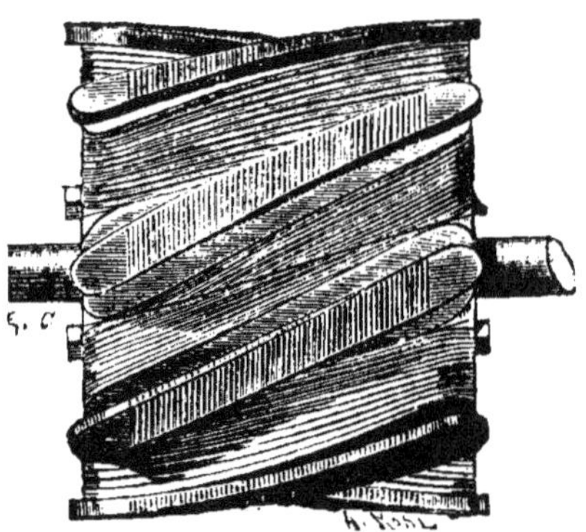

Fig. 57.

L'inducteur est représenté dans la fig. 57. Il se
composait d'ailettes faites de lames de tôle, placées
obliquement sur le tambour de manière à former une
sorte d'hélice dont le principal avantage consistait en
ce qu'avec un faible mouvement angulaire on avait

un grand déplacement de pôle magnétique. De la sorte
on pouvait employer des tensions moins élevées.

Quant au système induit il était formé par des bobines plates dont l'âme était composée de petites lames
de tôle. Chacune des bobines qui avait un enroulement de trois rangs seulement de spires transversa-
les, était fixée à l'aide d'un étrier sur les deux joues
du bâti dans lequel tournait l'inducteur. Les circuits
étaient tout à fait distincts. Chaque bobine induite
correspondait à une bougie, de telle sorte que le type
représenté dans la figure 56 était construit pour 16
bougies et tournait à 750 tours.

Quelque excellents que furent les résultats des premiers essais de la machine Jabloschkoff, son existence industrielle fut de courte durée.

Machine Schuckert.

De même que la machine Schuckert à courant continu présentait plus d'un point de ressemblance avec
la machine Gramme, sa machine à courants alternatifs était presque identique à celle que nous venons
de décrire.

Les inducteurs mobiles étaient formés par dix électro-aimants E. figure 58. à pôles alternés et épanouis.

L'induit fixe était un anneau creux, entourant toute
la machine ; mais son enroulement de fil était parti-

culier. C'était un enroulement sinueux disposé de
telle sorte que les courants induits par les électro-
aimants s'ajoutaient. Quand les inducteurs étaient
placés en regard des parties H où il n'y avait pas de
fil, les courants étaient nuls et changeaient de sens
dès que les inducteurs dépassaient cette position.
Tous les bouts de fils étaient libres et permettaient
toutes les combinaisons possibles.

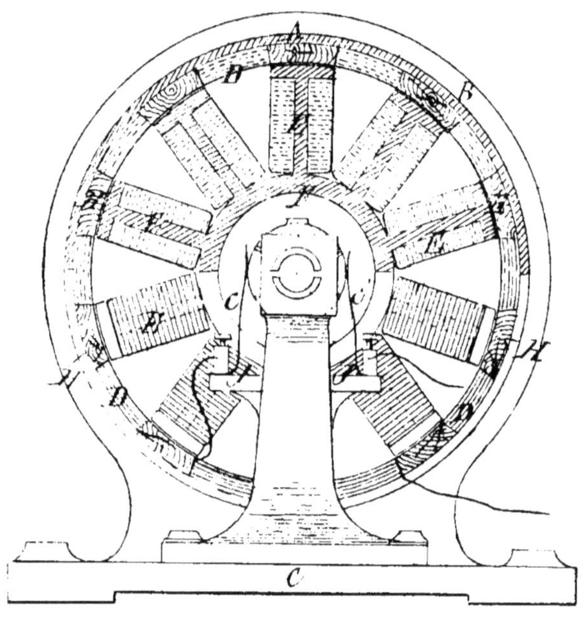

Fig. 58

Autre particularité. La machine était auto-excitatrice mais par un procédé différent de celui de
Gramme.

Un commutateur placé sur l'arbre permettait de

redresser une partie du courant par l'excitation des inducteurs, et au besoin même, la machine pouvait être, le cas échéant, convertie en machine à courant continu.

Machine de Wilde.

La machine de Wilde qui est la plus ancienne machine dynamo-électrique à courants alternatifs différait de celles que nous avons décrites par la disposition relative des inducteurs et des induits. La plupart des machines en usage aujourd'hui sont imitées de ce type dans lequel les inducteurs étaient fixes et l'induit mobile.

La figure 59 représente cette machine. Elle se composait de deux bâtis verticaux qui portaient chacun une couronne d'électro-aimants inducteurs.

L'induit était composé par un plateau de fer mobile tournant entre les deux cercles d'électro-aimants inducteurs, et qui était garni sur chaque face de bobines en nombre égal à celui des électro-aimants en regard. Ce plateau était fixé sur l'arbre qui traversait les deux bâtis. L'une des extrémités de cet arbre portait la poulie motrice et l'autre les commutateurs et les collecteurs. Les collecteurs étaient de simples disques en fonte sur lesquels venaient s'appuyer les balais recueillant les courants destinés aux bougies. Le commutateur était également formé de deux disques

de fonte ; mais qui portaient des saillies et des creux
s'emboîtant les uns dans les autres. Le nombre des
saillies et des creux correspondait à celui des bobines
et deux frotteurs étaient disposés de manière à
recueillir alternativement les courants sur chaque
disque.

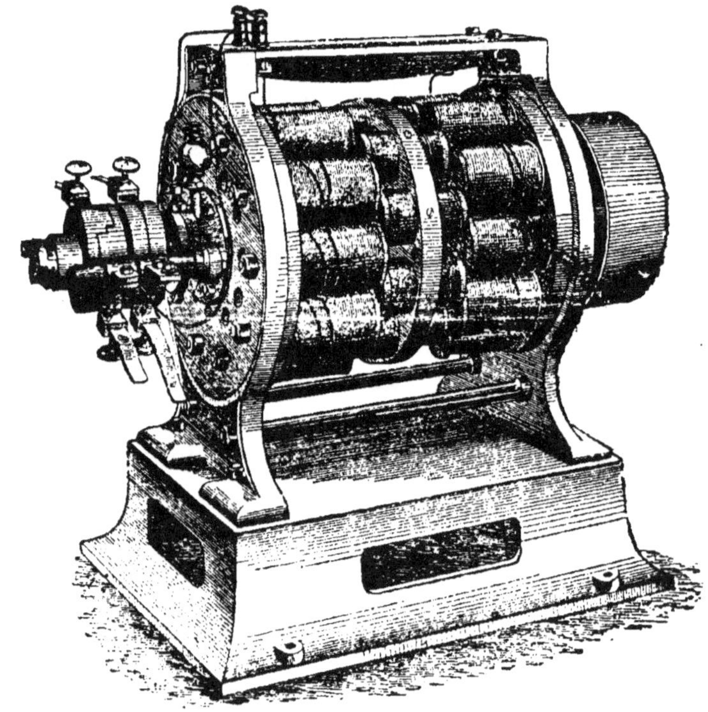

Fig. 59.

Ainsi construite la machine était auto-excitatrice.
car l'induit était divisé en deux parties. Une première
série de quatre bobines aboutissait au commutateur,qui en redressait les courants et les envoyait aux

inducteurs. L'autre série de bobines en communication avec les collecteurs donnait des courants alternatifs. Cette machine, adoptée d'abord par la marine anglaise, ne survécut pas aux bougies de Wilde.

Machine Siemens et Halske.

La machine Siemens et Halske présenta à son apparition un avantage considérable sur la machine de Wilde, de laquelle elle se rapproche toutefois par la disposition d'ensemble des organes. Cependant, elle en différait essentiellement par la suppression complète du noyau de fer des bobines induites. Ce n'était plus des électro-aimants agissant les uns sur les autres, mais seulement des cadres galvanométriques qui devenaient le siège des courants induits par leur passage dans des champs magnétiques créés par des noyaux inducteurs. L'élément mobile, qui était l'induit, se trouvait par cela même très allégé et l'échauffement de la machine était moindre.

Comme le montre la figure 60, la machine Siemens se composait de deux flasques annulaires BB formant bâti et qui portaient sur leur face intérieure une série d'électro-aimants droits *ii* en nombre pair. Les pôles des électro-aimants en regard étaient de même nom et sur chaque couronne les pôles étaient alternativement de sens contraire. Une machine auxiliaire excitait ces électro-aimants.

L'induit qui tournait entre ces deux électros était
constitué par une série de bobines G de forme ovoïde,
formées chacune par un enroulement de fil de cuivre
sur un tambour de bois. Une planche de liaison D
permettait la réunion de ces bobines. L'enroulement alternait d'une bobine à l'autre, comme le

Fig. 60.

montre la figure schématique 61, et par suite les
courants de sens contraire au moment où les bobines

passaient devant chaque paire d'inducteurs, s'ajoutaient et il y avait par tour autant de renversements du courant total qu'il y avait de pôles.

Le circuit induit était divisé en deux sections ayant chacune leur collecteur spécial. Ces deux circuits partiels pouvaient être réunis soit en tension, soit en quantité.

Plusieurs types de cette machine susceptibles de donner un débit considérable sont encore couramment employés.

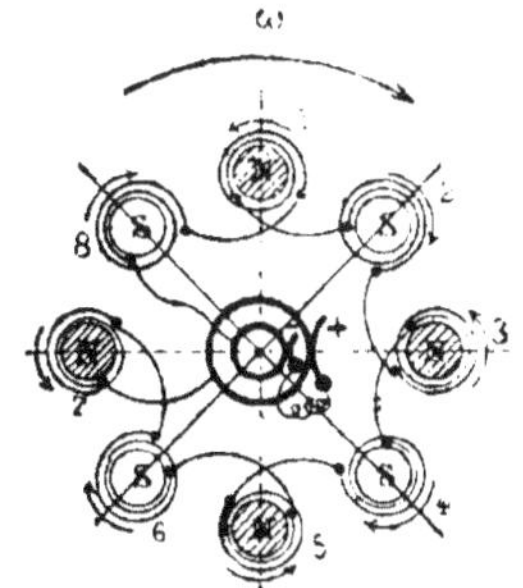

Fig. 61.

Machine de Maquaire.

M. Maquaire, l'un des ingénieurs qui s'occupa longtemps de l'exploitation de la lampe Soleil, construisit une machine alternative intéressante, analogue à celle de Siemens, mais dans laquelle un enroulement spécial de l'induit permettait d'utiliser en partie les inductions produites par un courant dans un circuit voisin.

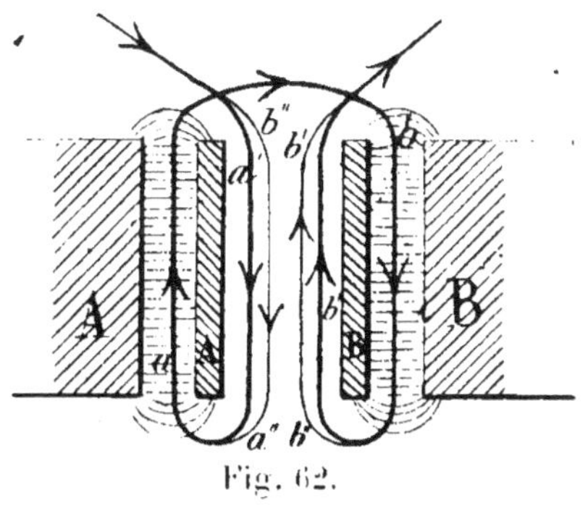

Fig. 62.

Par exemple soit A et B (figure 62), les deux inducteurs, a, b deux lames de fer doux. Celles-ci prennent par influence une polarité inverse de celles des
inducteurs. Le champ magnétique reste alors concentré entre A et a d'une part, entre B et b d'autre
part, tandis que la région située entre a et b reste
magnétiquement neutre, les pôles en regard étant de
même nom. Si alors on enveloppe a et b de deux conducteurs aa_1 et bb_1 reliés entre eux, et si on met ce
système en mouvement par rapport aux inducteurs
A et B, un courant électrique sera induit dans le
groupe des conducteurs a_1abb_1, par exemple dans le
sens des flèches. Ce mouvement aura pour cause le
passage des conducteurs à travers les lignes de force
des deux champs. Mais dans la partie située entre a
et b, un effet d'induction se produira également par
la réaction réciproque entre les courants particulaires a_1 et b_1. Ces courants de sens contraire et d'intensité variable réagissent entre eux de manière à produire de nouveaux courants $a'a''\ b'b''$ de même sens
que chacun des deux courants initiaux.

M. Maquaire ayant reconnu que cette réaction entre les deux éléments juxtaposés de l'induit avait une
valeur très importante, construisit des bobines induites d'après ce principe : deux bobines voisines
réunies, comme le montre la figure 62 et garda la disposition générale d'inducteurs montés sur plateaux
tournants.

La figure 63 indique la forme de la bobine induite :

au centre se trouve la lame magnétique, à droite un tube de cuivre d'un diamètre dépendant du nombre de couches de fil à enrouler pour que les surfaces extérieures fussent parallèles en laissant ainsi un espace vide trapézoïdal dans l'intérieur de la bobine.

Fig. 63.

Si la machine Maquaire était excellente au point de vue du principe de la construction, si elle permettait des vitesses angulaires assez faibles, si elle était de fonctionnement sûr, elle avait l'inconvénient d'être lourde, volumineuse, de coûter relativement cher. Elle ne fut jamais l'objet d'une exploitation sérieuse.

Machine Gordon.

Pour terminer enfin ce chapitre, nous dirons quelques mots de la grande machine que M. Gordon construisit en 1882, et qui n'eut d'autres mérites que ses dimensions considérables.

Le type général était celui des machines Siemens, Wilde, etc. Les bobines induites étaient fixes, les

bobines inductrices mobiles. Les premières étaient
disposées en deux anneaux de chaque côté des inducteurs, elles étaient au nombre de 64 à chaque anneau.
La figure 64 montre leur forme commune ; elles
étaient disposées côte à côte.

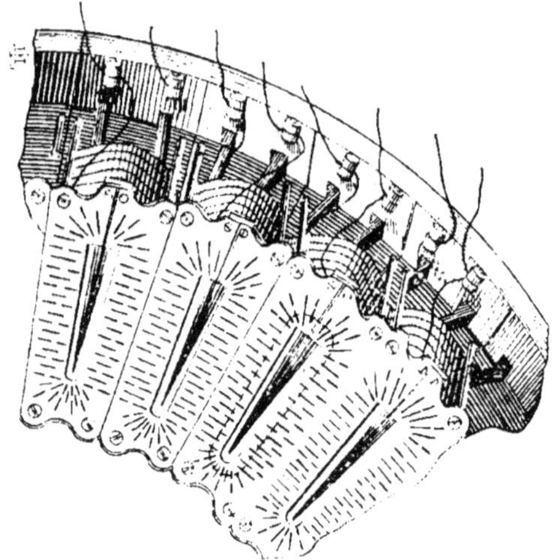

Fig. 64.

Les électro-aimants étaient montés sur deux disques
en tôle très solides fixés sur l'axe dans la partie centrale de la machine. De chaque côté, il y avait 32 électros : un électro pour deux bobines induites.

Le poids total de la machine était de 18 tonnes,
celui des inducteurs mobiles : 7 tonnes, avec un diamètre de 2^m,67. La machine Gordon occupait un
espace de 4^m,06 sur 2^m,13 et pouvait alimenter 5.000
lampes, les 128 bobines étant en quantité, et la
vitesse rotative étant de 180 tours.

Cette machine est demeurée unique dans le genre.

MACHINES MAGNÉTO-ÉLECTRIQUES
A COURANTS ALTERNATIFS

Machine de l'Alliance.

Dans le chapitre relatif aux machines dynamo alternatives, il faut ouvrir une parenthèse relative aux machine magnéto.

Celles-ci sont au nombre de deux. l'une qui n'existe plus, la machine de l'Alliance, l'autre qui ne répond qu'à l'application spéciale des phares : la machine Meritens.

La machine de l'Alliance est due à un ingénieur belge, Nollet. qui construisit le premier type en 1850. Celui-ci était à courant continu. Plus tard. Von Malderen le transforma en machine à courants alternatifs il lui donna la forme pratique exploitée par la compagnie de l'Alliance. Ce fut cette machine qui fut appliquée la première à l'éclairage des phares, aux phares de la Hève, près le Havre. en 1863.

La figure 65 montre schématiquement comment étaient disposés les divers organes de la machine. Celle-ci se composait de bobines cylindriques

montées parallèlement à l'axe sur la circonférence
d'un disque, et passant entre une série de deux aimants en fer à cheval disposés comme le montre la
figure. Les extrémités du circuit des bobines étaient
reliées à deux anneaux de cuivre, sur lesquels ap-
puyaient deux frotteurs.

Fig. 65.

Chaque aimant était formé par la superposition de
plusieurs barres aimantées; et comme une machine
complète comportait sur le même axe plusieurs séries de disques de bobines juxtaposées, chaque groupe
d'aimant était utilisé sur ses deux faces.

Cette machine n'était pas mauvaise. Elle avait au

contraire des qualités de solidité et de régularité qui la rendaient précieuse ; mais comme toutes les machines magnéto, du reste, elle était volumineuse, encombrante et surtout d'un prix élevé. La construction de bons aimants en fer à cheval coûte toujours extrêmement cher et des aimants permanents ne peuvent jamais donner de champs comparables à ceux qu'on obtient avec des électros.

La machine de l'Alliance disparut quand les dynamos entrèrent dans la pratique.

Machine Meritens.

Comme machine magnéto, la machine Meritens prit pour ainsi dire dans l'industrie la succession de la machine de l'Alliance.

La construction en est d'ailleurs un peu différente, et le diagramme représenté figure 66 en donne une idée exacte. L'induit est constitué comme une véritable roue, dont les rais sont en bronze et dont la jante est formée par des bobines plates juxtaposées. Celles-ci ont les noyaux formés par des lames en tôle de fer découpées en forme de double T qui viennent s'ajuster bout à bout sur la jante et que des boulons réunissent les unes aux autres. L'enroulement du fil est fait parallèlement à l'axe, et cette disposition a pour but de rendre le montage et le démontage très faciles.

Quant aux aimants inducteurs, toujours formés par des faisceaux de lames aimantées, ils sont placés autour de l'induit parallèlement à l'axe et n'influencent par conséquent les bobines non plus par la tranche, mais par le plat.

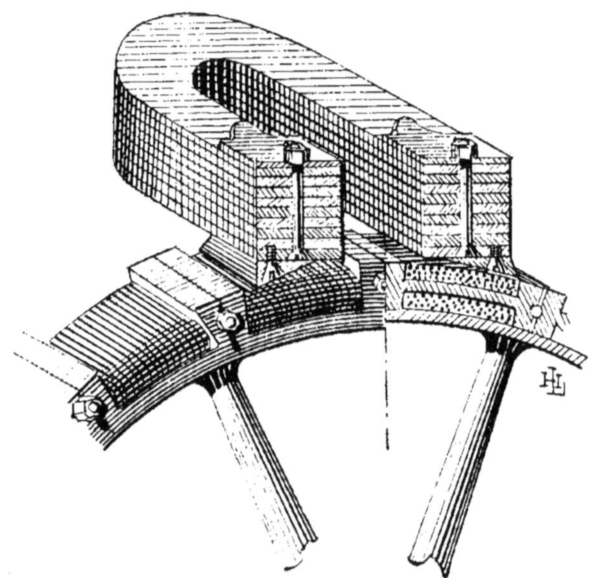

Fig. 66.

M. de Méritens, qui a perfectionné la construction des aimants, est arrivé à faire des machines supérieures à celles de l'Alliance. Elles sont principalement employées par l'administration des phares à cause de leur solidité et de leur grande régularité; mais au point de vue du volume, du rendement et du prix de revient, elles n'ont jamais pu lutter sérieusement avec les machines dynamo-électriques.

TROISIÈME PARTIE

DERNIÈRES MACHINES INDUSTRIELLES

CHAPITRE I

MACHINES A COURANT CONTINU, ET INDUIT EN FORME D'ANNEAU.

Les machines dynamo-électriques récentes.

Dans l'exposition des machines dynamo-électriques que nous avons faite dans les chapitres précédents, nous nous sommes efforcés de montrer et de décrire sommairement, non pas tous les types existants, ce qui est presque impossible, mais les principaux systèmes qui ont été successivement étudiés. Un grand nombre de ces machines n'a pas eu à proprement parler d'exploitation industrielle : les espérances données lors des premiers essais, ne se sont pas toutes réalisées. et la théorie ayant fait de très grands et très rapides progrès, il s'en suit, que l'exposition que nous venons de faire, quelque détaillée qu'elle ait été, ne correspond pas exactement à ce qui se fait aujourd'hui. Dans ces derniers temps en effet la science électrique a considérablement progressé, les travaux théoriques les plus importants sont de date toute récente, et comme par suite, tous les systèmes, tous les types de machines ont dû être à nouveau plus rationnellement étudiés, il nous reste à indiquer, non pas des inventions vraiment originales mais un grand nombre de variantes et de dispositifs nouveaux auxquels on s'est arrêté pour répondre aux exigences nouvelles de l'industrie électrique.

Machine Gramme type supérieur.

Les petites machines Gramme, type d'atelier, qui furent des premières mises en service pour l'éclairage électrique font déjà partie du domaine historique. Bien construites, elles ont à un moment donné rendu de grands services : mais à mesure que le besoin des grandes forces s'est fait sentir, et que par suite la construction de machines puissantes s'est imposée, les petites machines multiples, au début installées côte à côte, furent abandonnées pour l'emploi exclusif de machines moins nombreuses mais plus puissantes. Parmi celles-ci, une des meilleures, tant

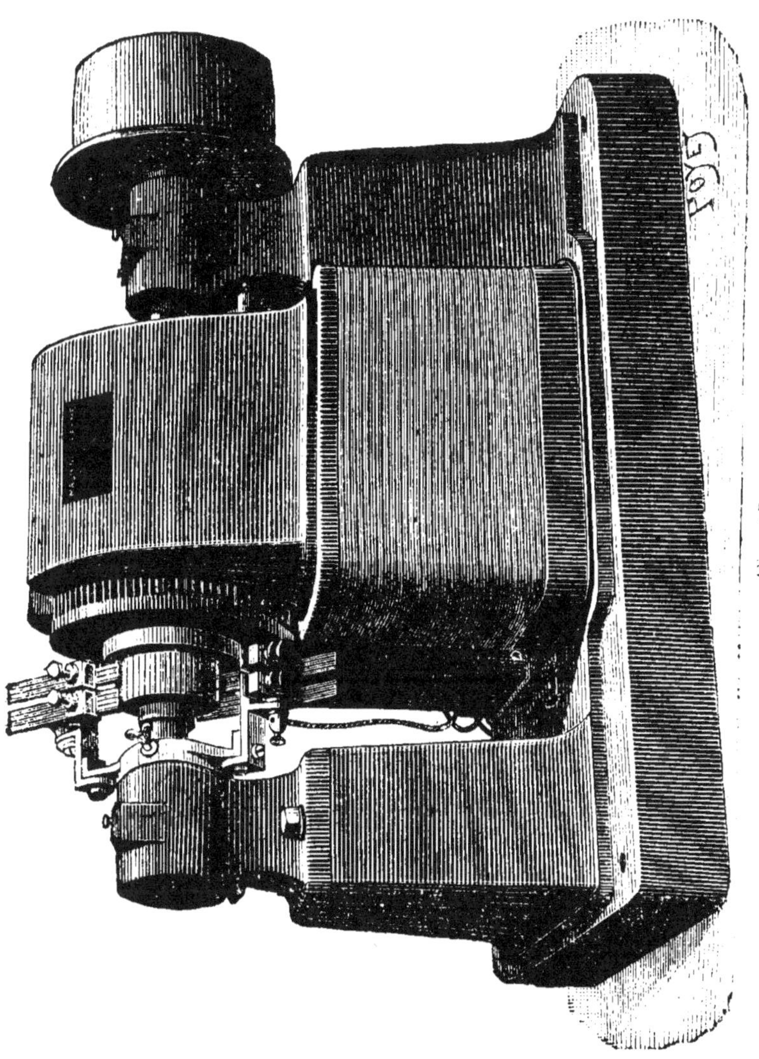

Fig. 47.

au point de vue de la construction qu'à celui de la disposition des organes, est la machine exploitée par la société Gramme sous le nom de type supérieur.

La figure 67 montre en perspective cette machine, qui explique son nom d'elle-même. Le système inducteur y est particulièrement ramassé. Les électro-aimants au nombre de deux, sont verticaux et formés par des noyaux de fonte creux à section rectangulaire. venus de fonte avec le bâti et renforcés légèrement à l'endroit de la culasse.

Quant à l'induit, que les épanouissements polaires viennent presque envelopper, nous n'avons rien à ajouter à ce que nous avons dit précédemment, la construction étant restée la même. Egalement, comme dans les autres machines Gramme. le collecteur est indépendant de l'anneau. Claveté sur l'arbre il est formé de lames de cuivre isolées les unes des autres et auxquelles sont soudées les extrémités des différentes sections du fil induit.

Le montage des balais y est très simplement et pratiquement fait. Les frotteurs sont formés par des faisceaux de fils de cuivre, maintenus dans une gaine, également en cuivre, à laquelle un ressort donne la pression convenable ; et l'ensemble fait partie d'un moyeu de bronze. qui peut tourner autour de l'arbre pour qu'on puisse exactement régler la position des balais par rapport à la ligne neutre.

Au point de vue électrique. cette machine est très bonne à cause même de la disposition des électro-ai-

mants inducteurs, et au point de vue mécanique, il en
est de même, car toutes les pièces, sauf un palier,
étant venues de fonte avec le socle, le travail de montage et le prix de revient sont assez réduits. Ce type
s'applique à des machines de forces variées et les services les plus différents. Dans tous les cas, cette disposition de l'anneau à la partie supérieure rend la
surveillance particulièrement facile.

Les résultats expérimentaux des machines Gramme diffèrent naturellement suivant la puissance des
machines et le soin apporté dans leur construction.
Les chiffres qui suivent peuvent toutefois être consi-
dérés comme une moyenne.

Vitesse de l'anneau..............	1400 tours
Vitesse linéaire..................	13 mètres
Longueur du fil induit par volt....	1,2
Différence de potentiel aux bornes.	110 volts
Intensité du courant.............	40 ampères
Résistance intérieure.............	0,175
Travail électrique utile...........	5,97 chevaux
Travail perdu en chaleur.........	0,38 chevaux
Rendement électrique............	0,94
Rendement industriel............	0,826

Machine Kapp.

M. Gramme n'est pas le seul à avoir adopté le type
supérieur. En même temps que lui et au milieu d'au-

res, M. Kapp, en Angleterre, en reconnut les avan_
tages et le choisit définitivement pour les machines
qu'il construit. C'est l'une d'elles que représente la

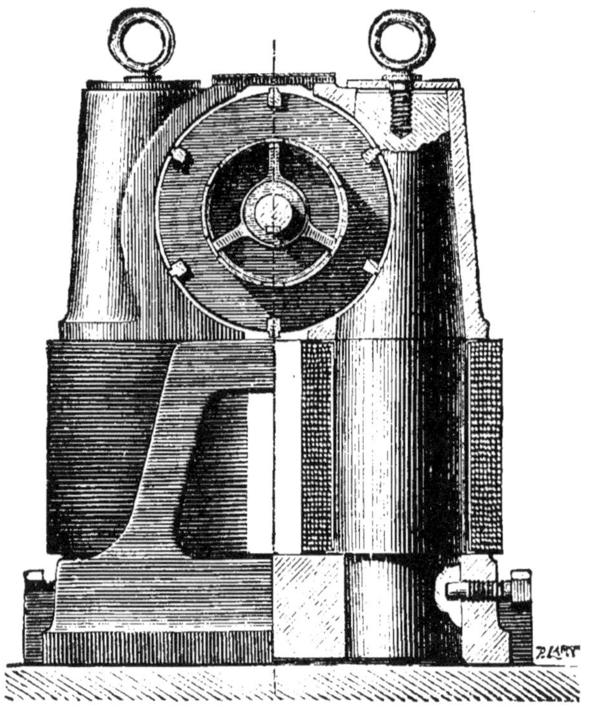

Fig. 68.

figure 68. Les inducteurs, au lieu d'être en fonte,
comme dans la machine précédente, sont, ainsi que
les pièces polaires, en fer doux. Ils sont rapportés et
boulonnés sur le bâti formant culasse. La principale
différence entre les deux types réside surtout dans
l'anneau dont le montage particulier a été très bien
étudié. Au lieu d'être, comme dans la machine

Gramme, un noyau plein en fils de fer, il se compose ici d'une sorte de poulie clavetée sur l'arbre, et dans la gorge de laquelle le noyau magnétique est placé. Par dessus une telle jante, le bobinage est assez facile à faire, le vide entre les bras étant calculé pour laisser un espace suffisant au volume des fils de cuivre.

Les machines Kapp sont surtout employées en Angleterre, et voici sur l'une d'elles quelques données numériques montrant ce qu'elles sont susceptibles de donner :

Section du fer dans l'induit	62.8 pouces carrés	
— chaque inducteur	118	—
Poids total	3 000 livres	
Vitesse	470 tours	
Intensité	160 ampères	
Force électro-motrice	113 volts.	

Machines Phœnix.

Les constructeurs anglais Paterson et Cooper ayant en vue des machines à hautes tensions, ont adopté aussi récemment la même disposition que celle de Gramme et de Kapp : un champ magnétique constitué par un seul électro-aimant en fer à cheval.

Toutefois, craignant de diminuer un peu la stabilité en plaçant l'anneau à la partie supérieure, ou d'avoir une perte de lignes de force par le bâti en renversant l'électro-aimant, ils ont d'abord, dans leurs

machines dites Phœnix, adopté le moyen terme représenté par la figure 69 et dans lequel les branches
d'électros sont, comme on le voit, horizontales.

Cette disposition, bonne en soi, a pourtant quelques
inconvénients.

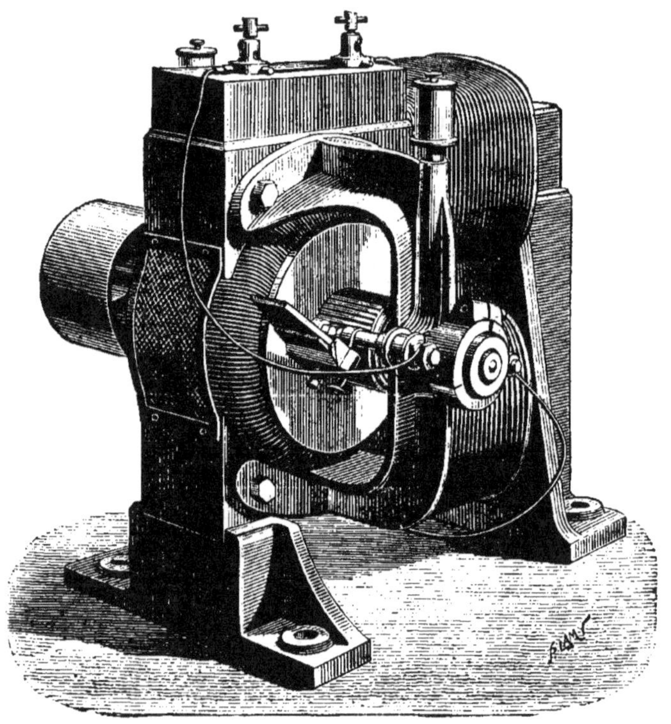

Fig. 69.

Elle ne permet pas l'emploi d'un bâti unique en
fonte. Elle nécessite, au contraire, celui de deux
pieds séparés, l'un en fonte formant la culasse, l'autre
soutenant les branches d'électros qu'une pièce de
bronze réunit pour laisser le logement des paliers.

L'induit n'est autre qu'un anneau Gramme ordinaire dont le noyau de fer est constitué par des disques en tôle isolés les uns des autres avec des feuilles de carton verni à la gomme.

Voici quelques données expérimentales sur cette machine :

Nombre de sections de l'induit....................	48
Diamètre du fil de l'induit.......................	1.2^{mm}
Nombre de tours de fil sur les inducteurs.......	954 tours
Résistance des inducteurs en série.............	4^{ohm},15
Vitesse..	1.000 tours
Intensité en ampères..........................	10
Force électro-motrice en volts.................	780
Rendement.....................................	90 0/0

Quelque avantageuse qu'ait parue cette disposition, elle ne fut cependant que transtoire. Très rapidement, MM. Paterson et Cooper revinrent à l'idée première rejetée au début, et adoptèrent définitivement le type supérieur tel que le représente la figure 70.

Les inducteurs sont formés d'une pièce de fer forgée à section rectangulaire. La culasse est également une pièce de forge, et c'est elle qui forme tout le bâti avec deux équerres de fonte qui y sont boulonnées. L'enroulement de ces électros est, comme on le voit, constitué par une série de bobines, enroulées séparément sur un cadre de fer, puis enfilées et réunies après coup. L'arbre de l'anneau n'est pas supporté seulement par le bâti, et comme dans le type précédent les épanouissements polaires reçoivent sur leurs faces extérieures deux fortes pièces en bronze supportant les paliers.

Quant à l'anneau, il est naturellement resté le même et tel que nous l'avons décrit dans la machine à haute tension.

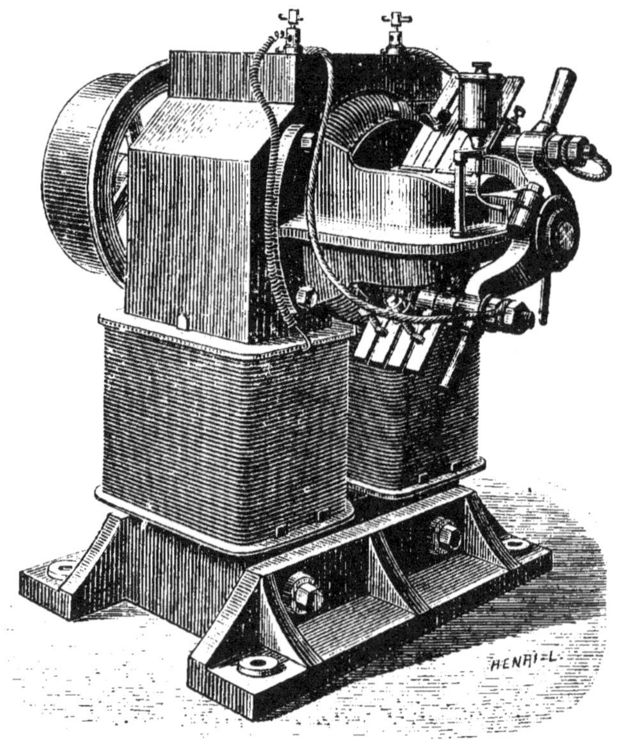

Fig. 70.

Avec cette construction, une pareille machine a donné les résultats suivants :

Poids total.......................... 1.400 kilogrammes
Section de fer dans les inducteurs....... 610 cent. carrés
    —   —   l'induit 390   —

Entre fer . . . . 1,43 cent.
Diamètre extérieur de l'anneau . . . . 35 cent.
Nombre de spires dans les inducteurs 7.080
Résistance des inducteurs . . . . 83 ohms.
Vitesse . . . . 700 tours.
Force électro-motrice aux bornes . . . . 250 volts.
Intensité du courant . . . . 100 ampères.
Rendement 94 0/0

Dans cette expérience, le circuit inducteur était excité en dérivation par un courant de 3 ampères, et en comparant le poids total de la machine au travail produit, on avait environ 40 kilogrammes de matière par cheval utile.

Machine Crompton.

A côté de cette disposition. très bonne en soi, d'inducteurs en fer à cheval, et qui, en dehors des types que nous venons d'exposer est employée aussi par MM. Cabella en Italie, Ross et Bruckner en Autriche, on construit d'excellentes machines dans lesquelles la disposition préférée par Siemens a été conservée. La machine Crompton, comme le montre la figure 71. est de ce nombre.

Son induit est un anneau Gramme, dont le noyau intérieur est également constitué par des disques en tôle de fer séparés par des lames de papier recouvertes de gomme laque, et que des bras rayonnants relient à l'arbre. Ces rondelles accolées les unes aux autres laissent pourtant de distance en distance, un certain espace libre qui permet à l'air de passer et par suite de refroidir l'anneau qui s'échauffe toujours plus ou moins pendant le travail. Cette disposition est toujours à rechercher autant que la construction de l'induit le permet.

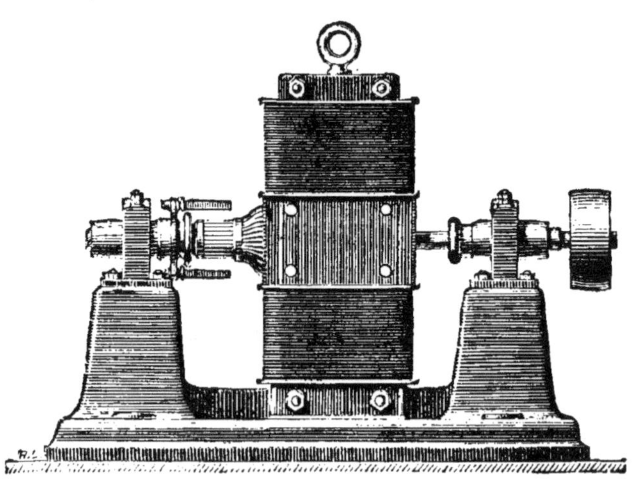

Fig. 71.

Les machines Crompton construites avec soin sont très appréciées. Elles ont donné déjà d'excellents résultats, dont voici un spécimen provenant d'expériences faites à la dernière exposition d'Anvers.

Poids total......................	600 kilog.
Vitesse........................	1380 tours
Intensité du courant.............	20,2 ampères
Différence de potentiel aux bornes.	112 volts
Travail mécanique absorbé........	14.75 chevaux
Travail électrique utile...........	12.14 chevaux

Travail perdu en échauffement....	1,717 chevaux
Travail électrique total..........	13,857 chevaux
Rendement électrique..........	0,876
Rendement industriel..........	0,823

La machine était excitée en série.

Machine Jaspar.

La machine Jaspar, construite en Belgique, est de même genre que la machine Crompton. La figure 72

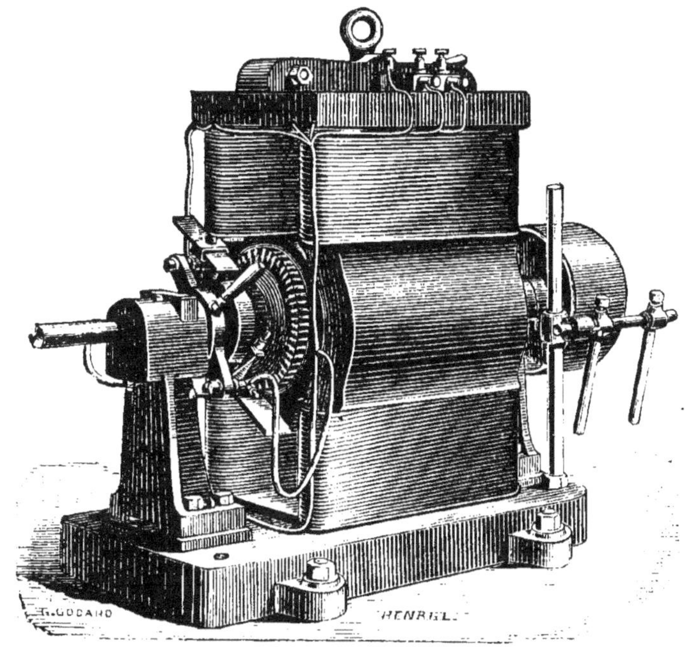

Fig. 72.

suffit d'ailleurs à la montrer. Les inducteurs qui ont exactement la disposition de ceux de Siemens ont des noyaux intérieurs en fonte. L'induit est un anneau analogue à celui de Gramme, à cette différence près qu'il est beaucoup plus allongé. Enfin, comme autre particularité, il n'y a qu'une seule couche de fil induit afin de réduire autant que possible l'entrefer.

Cette machine est seulement répandue en Belgique, où elle jouit d'une certaine réputation à cause de son prix relativement peu élevé. Cependant elle n'est pas classée comme une des meilleures.

En effet, le type représenté par la figure 72 qui est le type IA a donné les résultats suivants avec une excitation des inducteurs en dérivation.

Vitesse......................	1950 tours
Travail mécanique absorbé........	5,955 chevaux
Différence de potentiel aux bornes.	68,2 volts
Intensité du courant............	44,1 ampères
Travail électrique utile..........	4,08 chevaux
Travail électrique total..........	5,262 chevaux
Rendement électrique............	0,777
Rendement industriel............	0,686

Machine Van de Pœle

La machine Van de Pœle est aussi une modification de la machine Gramme assez employée en Amérique. Une de ces machines est représentée dans la figure 73. Comme on le voit, les inducteurs se composent de deux électro-aimants droits, placés hori-

zontalement en regard l'un de l'autre et dont les culasses, haut et bas sont reliées par des plaques métalliques, dont l'une, l'inférieure, plus forte, sert de support à la machine.

Les inducteurs, carrés et courts, sont munis de deux
pièces polaires demi-circulaires embrassant l'anneau.

Les noyaux ne sont pas d'une seule pièce, ils sont
formés de huit plaques en fer de 3 centimètres d'é-
paisseur et séparées les unes des autres par un espace
de 1 centimètre, pour permettre la ventilation.

Fig. 73.

Le noyau de l'induit est aussi constitué d'une façon
spéciale. Il est formé de plusieurs anneaux de fer placés perpendiculairement à l'axe et auquel sont rivés,
intérieurement et extérieurement, des lames de fer se

correspondant deux à deux. Il y a autant de groupes
de deux plaques de fer que de sections, qui sont enroulées par dessus les deux lames correspondantes.

La construction du collecteur lui-même est particulière. Au lieu d'être composé de lamelles réunies
sur un manchon isolant, le collecteur en bronze est
venu de fonte en une seule masse cylindrique. Avec
une scie, il y est pratiqué autant de fentes qu'il y a
de sections, mais les fentes s'arrêtent à quelques millimètres de la base du cylindre.

Cela fait, on coule de l'isolant dans toutes les fentes, on garnit chaque bout du cylindre de deux col-
liers, l'un à l'intérieur, l'autre à l'extérieur recouverts
d'isolant, et cela étant, lorsqu'on abat l'extrémité
du cylindre que la scie n'a pas entaillée, le collecteur
formant un tout solide est formé de lames distinctes,
bien isolées les unes des autres.

La machine Van de Poele porte généralement un
double collecteur, comme le montre la figure 73.
Chaque collecteur correspond à la moitié des sections
de l'induit, et tandis que les balais de l'un d'eux sont
reliés au circuit extérieur, les balais de l'autre servent à l'excitation des inducteurs.

Enfin, dans certains types, le courant excitateur
est réglé par un seul balai auxiliaire.

Il y a en tout trois balais. Le circuit inducteur est
relié d'une part à un des balais principaux et de l'autre au troisième balai, de telle sorte que le courant
excitateur varie avec la position de celui-ci.

Machine Westminster.

Depuis peu de temps, la maison Latimer Clark-Muirhead et Cie de New-York construit, sous le nom de *Machines Westminster*, une dynamo à double enroulement, avec un induit genre Gramme.

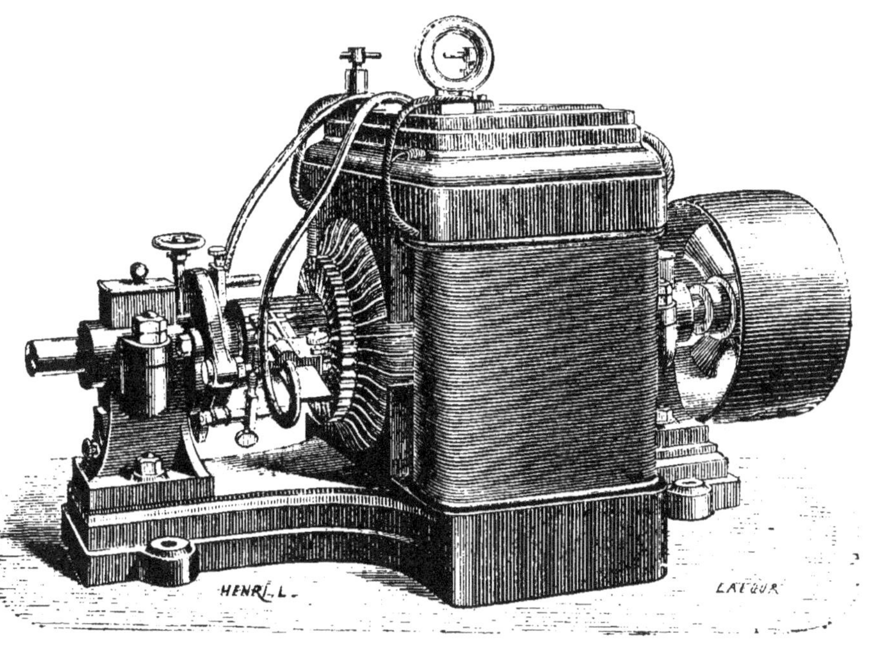

Fig. 74.

Cette machine, très soignée comme construction, est déjà assez répandue.

La figure 74 montre la disposition des organes.

Le champ est formé par deux branches d'électro-aimants verticales réunies en bas et en haut par deux fortes culasses de fonte dont une sert de bâti. L'axe de l'anneau est, on le voit. peu élevé, et par suite la stabilité est très grande.

L'induit, qui est un anneau allongé. a un noyau de fer constitué par des lames isolées avec du papier et maintenues par deux croisillons de bronze munis de projections parallèles à l'axe soutenant l'anneau en fer de distance en distance.

Il existe déjà 10 types de cette machine variant de 20 à 850 lampes et de 1.000 watts à 50.000 watts.

Voici quelques données sur deux de ces types :

Type W5.

Inducteurs en dérivation.

Poids total	397 kilog.
Vitesse	1.000 tours
Intensité dans le circuit extérieur	60 ampères
Différence de potentiel aux bornes	103 volts
Puissance	6.000 watts
Nombre de lampes allumées (16 bougies)	100
Rendement	0.90

Type W8.

Inducteurs en dérivation.

Poids total	1.639 kilog.
Vitesse	500 tours
Intensité dans le circuit extérieur	205 ampères
Différence de potentiel aux bornes	102 volts
Puissance	20.000 watts
Nombre de lampes allumées (16 bougies)	350
Rendement	0.92

Machine Meritens.

En dehors des différents types de la machine Gramme employés dans l'industrie nous signalerons les machines dynamos construites par M. Meritens.

Fig. 73.

Ces machines ne sont que la transformation de ses machines magnéto en machines dynamo, en ce sens que l'induit est resté à peu près le même et que les aimants permanents ont été remplacés par des élec-

tro-aimants. Ce sont à proprement parler des transformations de la machine Pacinotti. En effet, ce sont
les principes de ce dernier que M. de Meritens a conservé dans la construction de son anneau. Le noyau
de fer doux plein de l'ancienne machine est ici remplacé par un noyau plus large composé de rondelles
de tôle superposées, séparées par des feuilles de carton et reliées par des tringles en laiton.

Quand aux inducteurs leur disposition est tout à fait
différente. Ils sont formés par quatre branches d'électro, formant deux à deux un pôle conséquent. Mais
au lieu d'être horizontaux comme dans la machine
Gramme ils sont recourbés de manière à envelopper
l'induit d'une sorte d'anneau (fig. 75).

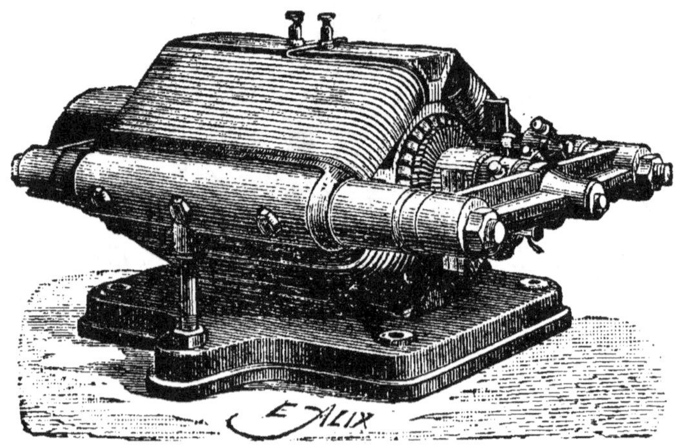

Fig. 76.

Comme on le voit dans cette machine il n'y a pas de
bâti spécial et la machine repose directement sur le
fer doux de ses inducteurs. L'axe de l'anneau de même.

ainsi que le porte-balais, est supporté par deux traverses qui sont boulonnées sur des parties saillantes de la culasse des électro-aimants.

Ces machines, sous cette forme très-ramassée, ne sont guère employées que comme moteur, et par suite n'ont généralement que des dimensions très restreintes. Cependant M. de Meritens a fait des machines de quatre chevaux en modifiant un peu la disposition des inducteurs. Une de ces machines est représentée fig. 76. La construction y est un peu simplifiée, les inducteurs sont plats et donnent à la machine la forme d'un prisme droit à base rhombe ; les épanouissements polaires sont logés dans deux des angles de l'espace où se trouve l'anneau ; il n'y a presque pas de place perdue. Toutefois, ces machines sont d'une construction difficile : elles sont assez coûteuses et ne convenant pas pour de grandes forces sont très-peu employées.

Machines de Fein.

Les machines de Fein telles que nous les avons décrites dans la seconde partie de ce volume, sont encore d'un usage courant en Allemagne. Sur leur principe, de même que sur leur construction, nous n'avons rien à ajouter à ce que nous avons dit, et la figure 77 est une vue en projection du type le plus

répandu. Toutefois, c'est surtout pour la galvanoplastie et la métallurgie que sont appliquées les machines

Fig. 77.

Fein ; et pour les usages de laboratoire on emploie
généralement un petit modèle différent du précédent
qui est représenté fig. **78**.

C'est toujours la même disposition d'anneau dans
lequel les fils intérieurs sont influencés par le champ
magnétique, mais les inducteurs sont formés par un
électro en fer à cheval, ayant ses épanouissements
polaires à la partie intérieure : disposition inverse de

celle que nous avons décrite dans les machines du type supérieur.

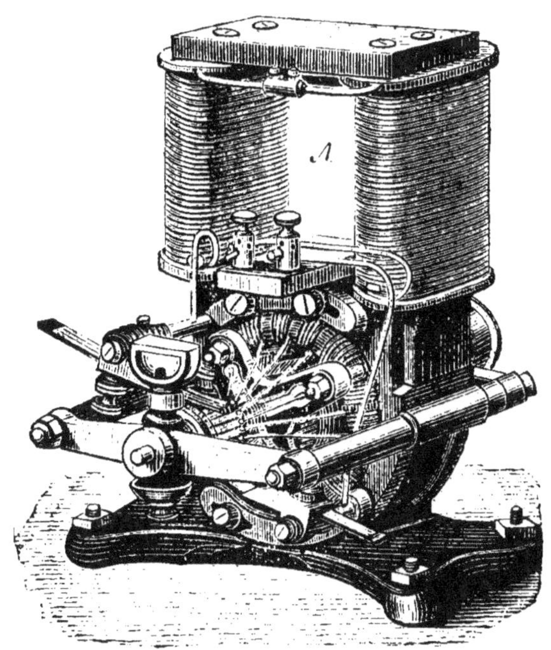

Fig. 78.

Machines Schuckert.

La machine de Schuckert, avec son anneau aplati, influencée par les grands côtés, et sa disposition d'inducteurs horizontaux telle que nous l'avons décrite précédemment, est toujours très employée en Allemagne et principalement en Bavière. La forme de la machine est toujours la même à part certains détails de construction. Le bâti y est en quelque sorte coupé, de manière à ce qu'on puisse très aisément atteindre toutes les parties et séparer l'anneau du reste de la machine.

Il y a également une disposition spéciale des balais qui dans certains cas peut présenter d'importants avantages. Ils sont montés sur un arc mobile, qui non seulement peut tourner autour de l'arbre de machine pour permettre les variations dans le calage, mais qui encore peut être complétement enlevé puis replacé dans la position inverse. Grâce à ce dispositif une même machine peut en quelques instants être transformée de génératrice en réceptrice, et *vice-versa*.

Une des principales qualités de ces machines c'est la légéreté, comme on peut s'en rendre compte par l'inspection des tableaux suivants qui sont les résultats d'expériences sur deux types, l'un EL4 à basse tension, l'autre TL5 à haute tension.

Type EL4

Poids de la machine	430 kilg.
Largeur de l'anneau	201 m. m.
Epaisseur de l'anneau	172 m. m.
Vitesse de rotation	800 tours.
Différence de potentiel	65 volts.
Intensité du courant	60 ampères.
Travail absorbé	8 chevaux.

Type TL5

Poids de la machine	880 kilg.
Largeur de l'anneau	236 m. m.
Epaisseur de l'anneau	196 m. m.

Vitesse de rotation........................   750 tours.
Différence de potentiel...................   730 volts.
Intensité du courant......................   8 ampères.
Travail absorbé...........................   12 chevaux.

Machine Gülcher.

M. Gülcher a également entrepris la construction
de machines à anneaux plats, qui tout en différant
par la forme générale sont de véritables machines
Schuckert. à quatre pôles. La figure 79 montre en
perspective l'une de ces machines. L'induit est un anneau aplati dont le noyau est formé par des lames de
tôle. Les pôles conséquents alternativement N et S
sont obtenus au moyen de huit branches d'électro
aimant réunies deux à deux par une pièce polaire
creuse embrassant l'anneau sur une très grande sur
face. Les noyaux inducteurs qui sont en fer forgé ont
la forme légèrement aplatie que montre la figure. M.
Gülcher a adopté dans presque toutes ses machines
le double enroulement sur les inducteurs. Les deux
enroulements sont superposés. Les huit enroulements en fil fin. qui sont les plus rapprochés du fer.
forment un seul circuit en tension monté en dérivation sur les bornes, tandis que les huit enroulements de gros fil sont montés en dérivation les uns
par rapport aux autres, et le tout est en série avec le
circuit principal.

Les machines Gülcher sont par suite des machines à différence de potentiel constante comme le montrent les résultats suivants se rapportant à un type n° 4.

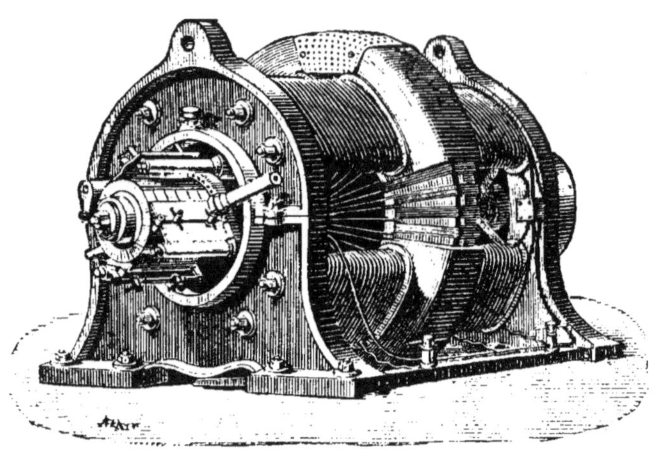

Fig. 79.

PREMIÈRE EXPÉRIENCE

Travail absorbé	11,70 chevaux.
Différence de potentiel aux bornes	67,1 volts.
Intensité du courant	83,7 ampères.
Travail électrique utile	7,63 chevaux.
Rendement	0,762

DEUXIÈME EXPÉRIENCE

Travail absorbé	15 chevaux.
Différence de potentiel aux bornes	67,3 volts
Intensité du courant	108,5 ampères.
Travail électrique utile	9,92 chevaux.
Rendement	0,758.

TROISIÈME EXPÉRIENCE

Travail absorbé	22,65 chevaux.
Différence de potentiel aux bornes	67,3 volts.

Intensité du courant.................... 166,2 ampères.
Travail électrique utile................ 15,2 chevaux.
Rendement......................... 0,685.

Machines Victoria.

Les machines Victoria sont aussi des machines Schuckert, construites par l'*Anglo-American Brush electric light corporation* d'après les brevets Schuckert Mordey et ont, par suite, plusieurs points de commun avec les machines Gulcher. En effet, elles sont multipolaires, et les deux types existants ont l'un 4 pôles, l'autre 8 pôles.

La disposition générale des branches d'électro-aimants est, comme le montre la figure 80, semblable à celles de Gulcher, mais les noyaux sont cylindriques au lieu d'être plats. En outre, M. Mordey ayant reconnu que les épanouissements polaires formés par des enveloppes creuses de fer embrassant la périphérie de l'anneau sur une grande longueur, avaient l'inconvénient de donner une mauvaise disposition des lignes de force, a modifié ses pièces polaires en leur donnant une largeur beaucoup moindre. Elles recouvrent bien l'anneau sur ses deux faces, comme le montre la figure, mais sont d'une étendue restreinte.

La constitution de l'anneau n'a rien de particulier, son noyau intérieur est formé de lames de tôle accolées et parfaitement isolées entre elles.

Le collecteur est un collecteur ordinaire dans lequel les liaisons sont telles que la machine, tout en étant multipolaire, n'exige que deux balais.

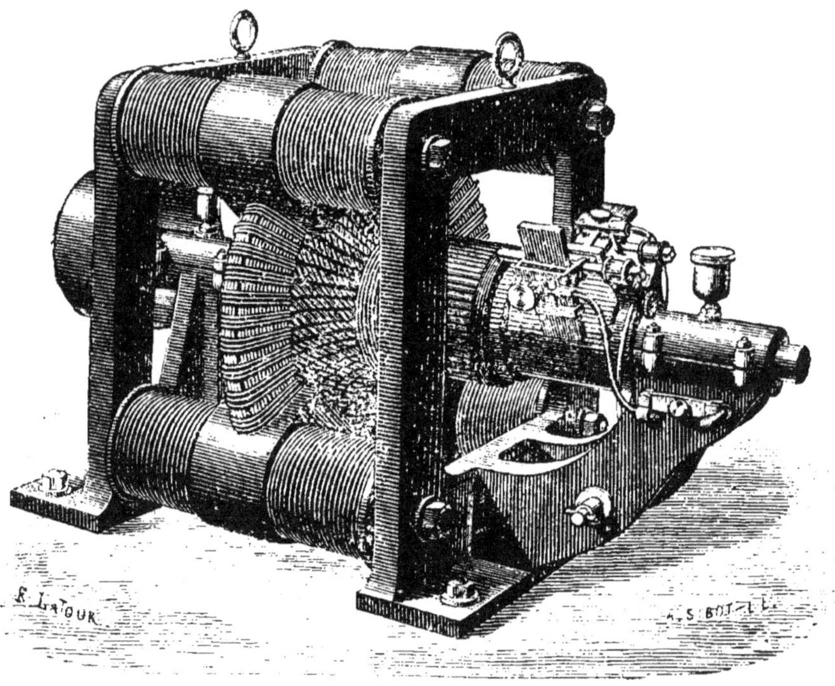

Fig. 80.

Les machines Victoria sont construites avec un très grand soin ; elles sont susceptibles de très grandes vitesses, et comme le fer y est judicieusement utilisé, leur rendement est très élevé : 95 0/0 du travail mécanique absorbé y sont convertis en énergie électrique, et 88 0/0 sont utilisés dans le circuit extérieur.

Ces machines, qui sont toutes à double enroulement, sont auto-régulatrices.

Machines Brush.

Les machines Brush, proprement dites, sont toujours d'un usage très commun en Angleterre et en Amérique sans avoir subi de changements notables. Les détails de construction seuls ont été perfectionnées, par exemple en ce qui concerne l'anneau. Nous avons décrit celui-ci comme étant formé d'une seule masse de fer percée de profondes rainures pour atténuer les courants de Foucault; aujourd'hui, le fer y est encore plus divisé. Comme le montre la figure 81, sur un anneau servant de base, on enroule un long ruban de tôle de $1^{mm}.5$ d'épaisseur et ayant une largeur égale à l'épaisseur du noyau des bobines.

Pendant l'enroulement, on intercale entre les spires du ruban de fer de petites lames de fer de même épaisseur dépassant le ruban de part et d'autre, et disposées de manière que leur ensemble forme les projections de l'anneau. Avec cette disposition, les spires sont tenues à distance l'une de l'autre par les lames intercalées et celles-ci sont séparées les unes des autres par les spires elles-mêmes. Le tout est maintenu par les boulons isolés placés radialement. La force électro-motrice a été en outre augmentée de

ce fait, à cause des plus grandes vitesses qu'on peut
atteindre. Par exemple, l'ancien anneau à 750 tours
donnait 2.000 volts, tandis qu'avec la nouvelle armature à 850 tours on a atteint 3.000 volts.

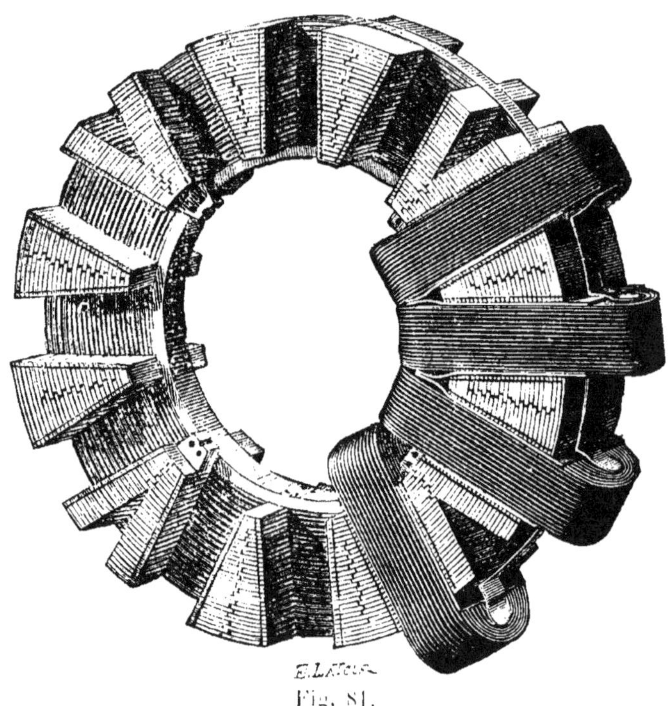

Fig. 81.

Enfin pour faire donner à la machine plus de quantité et moins de tension, deux commutateurs sont,
suivant les cas, adjoints à la machine : l'un fixé sur
l'arbre assemble les bobines d'une même paire en
quantité, et l'autre sur le socle relie en dérivation
les bobines des inducteurs.

Dans ces derniers temps, M. Brush a construit à

Cleveland. pour la Compagnie Cowles. une machine monstre sur laquelle voici quelques données. Le poids total est de 9,930 k.: l'anneau a un diamètre de 1ᵐ,06, ayant 380 kil. de cuivre. L'induit est composé de 16 bobines enroulées avec un fil de 9ᵐᵐ qui sont reliées en dérivation. Le champ est produit par 8 bobines dont les noyaux en fonte ont 0ᵐ.28 de diamètre et 0ᵐ,41 de largeur. Ils portent 2.642 k. de cuivre en fil de 3ᵐᵐ.4. et tous les huit en dérivation. La largeur totale de la machine est de 4ᵐ,57 et sa hauteur 1ᵐ.52. A 600 tours. cette machine donne 3.200 ampères et 80 volts.

Machine Ganz.

Cette machine. ainsi que celle qui va suivre, forme un groupe à part dans le chapitre des dynamos à courant continu dont l'induit a une forme annulaire. En effet. les électros inducteurs au lieu d'être extérieurs à l'induit sont intérieurs. La fig. 82 montre la machine que la maison Ganz de Buda-Pesth a récemment construite, afin d'arriver à un assez beau rendement avec un faible poids total, et une certaine économie de cuivre.

Les inducteurs y sont formés par 6 noyaux rayonnants fixes fondus d'une seule pièce. L'induit est un grand anneau Gramme tournant extérieurement à ces six électro-aimants. Comme le nombre des pôles

inducteurs est de 6, l'anneau est contruit de telle sorte
que 1/6 suffit pour donner la force électro-motrice
voulue : 1.500 volts. Ces six sections qui ont chacune
56 bobines sont reliées en quantité. Le collecteur, qui
a 336 lames, a celles-ci six par six reliées ensemble,
de manière que deux balais soient suffisants.

Fig. 82.

Les conditions de marche de la machine sont les
suivantes :

Poids total de la machine.................. 685 kilg.
Poids de cuivre dans l'anneau............. 23^k,5
    —   —   les inducteurs........ 58^k,5
Puissance totale........................ 52,000 watts.
Vitesse de rotation...................... 1,000 tours.

Différence de potentiel aux bornes.......... 1,500 volts.
Intensité du courant..................... 35 ampères
Rendement............................. 0,97
Nombre de watts par kilg. de cuivre........ 640

Machine Siemens et Halske.

La machine de MM. Siemens et Halske, à induit extérieur, semblable à celle que nous venons de décrire, a été conçue avec la même idée : diminution des parties inutiles du fer, par suite utilisation du plus grand nombre de lignes de force.

La fig. 83 représente en coupe cette machine. Les inducteurs, qui sont au nombre de quatre, sont en fonte, d'une seule pièce avec les paliers. Ils sont fixes, par conséquent, et l'anneau induit monté sur un moyeu est mobile extérieurement. Cet anneau est un anneau Gramme dont le noyau est formé par des plaques en tôle réunies et isolées. Le collecteur claveté au moyeu qui supporte l'anneau, n'a pas de connexions spéciales, ce qui fait que la machine comporte quatre balais.

Les avantages de cette machine sont ceux de la précédente. Suppression de toutes les parties accessoires telles que : bâti volumineux, plaque de fondation, etc., ventilation excellente de l'anneau, facilité de réparation et obtention de la force électro-motrice voulue avec un nombre de tours restreint par suite de la multiplicité des pôles.

Ce dernier avantage est, en général, assez recher-
ché parce qu'il permet l'accouplement direct de la
dynamo avec une machine à vapeur rapide. La ma-

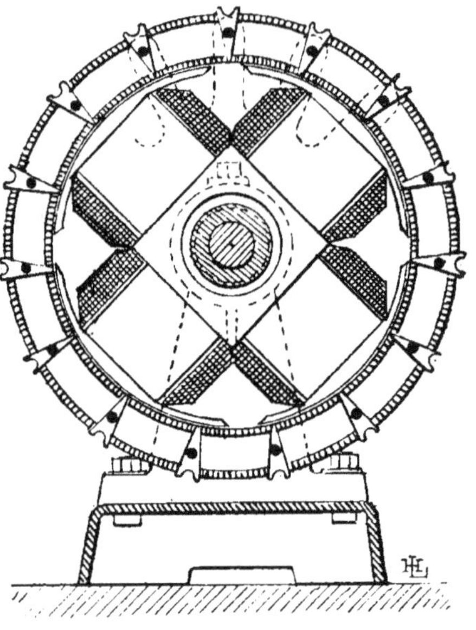

Fig. 83.

chine de Siemens et Halske, que représente la figure
83, a un poids total de 900 k., dont 146 kilogrammes
de cuivre, et donne 16.000 watts à 350 tours et 25.000
watts à 480 tours.

CHAPITRE II

MACHINE DYNAMO-ÉLECTRIQUE A INDUIT EN FORME DE BOBINE OU TAMBOUR CYLINDRIQUE.

Machine Siemens.

Le type des machines Siemens s'est absolument conservé tant dans la construction de la bobine, que dans la disposition des inducteurs. Ces machines sont toujours d'un usage courant en Allemagne, et la forme qu'elles affectent est celle que représente la fig. 84.

Ce modèle est celui à double enroulement dans lequel chaque branche des inducteurs est divisée en deux moitiés, l'une enroulée d'un fil fin, l'autre d'un gros fil.

La figure 85 montre clairement comment sont disposées les connexions des circuits. Le courant, comme on le voit, traverse en quantité les quatre enroulements de gros fil et les bobines de fil fin réunies toutes en tension, montées en dérivation sur les balais. Le modèle que représente la figure 84 est celui qui est désigné par les lettres GE20. il est employé presque exclusivement à l'alimentation des lampes à incandescence Siemens dont il en comporte 100 de

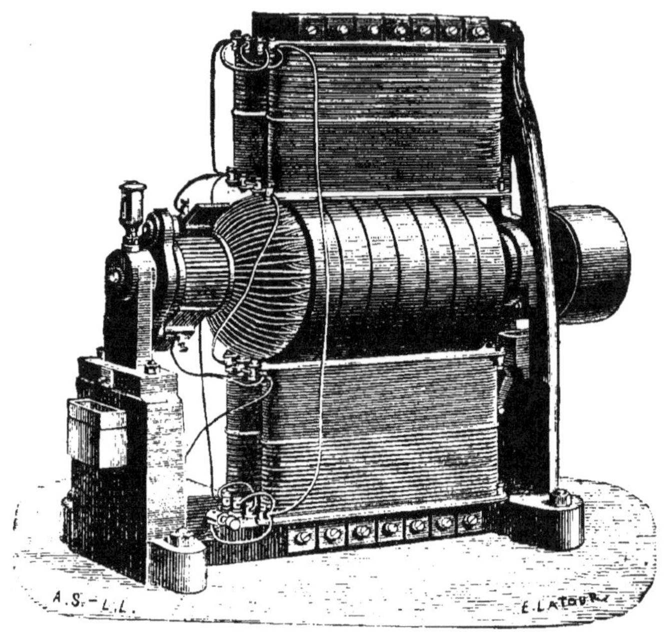

Fig. 84.

25 bougies allemandes, 200 de 16 bougies ou 300 de 12 bougies.

Machines Siemens à galvanoplastie.

Pour les usages de la galvanoplastie, la maison Siemens construit aussi un type spécial de machine représenté dans les figures 86 et 87.

Comme le montre l'aspect extérieur, la disposition générale des organes est celle des machines Siemens ordinaires, à ceci près que les inducteurs sont couchés horizontalement au lieu d'être verticaux.

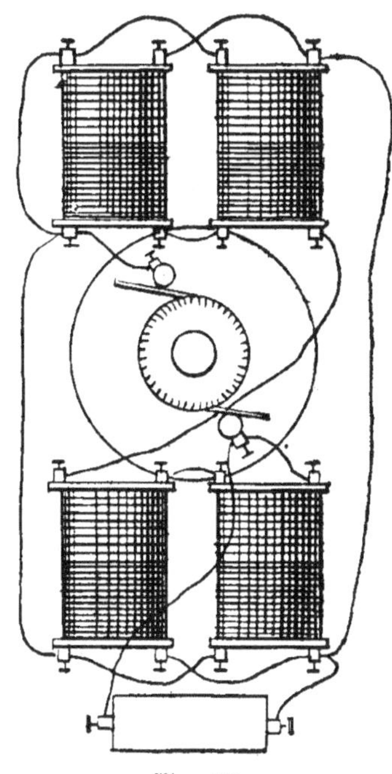

Fig. 85.

La différence consiste dans l'enroulement. En effet, pour la galvanoplastie, on n'a besoin que d'une très faible force électro-motrice et d'un courant de quantité. Aussi, dans cette machine, les fils des inducteurs, comme ceux de l'induit, sont-ils remplacés par des barres de cuivre rectangulaires.

Dans le cas actuel, les barres des inducteurs ont

13 centimètres carrés de section, et sont isolées les unes des autres par des lames d'amiante. Les barres de la bobine sont d'une section moindre.

La résistance intérieure de la machine est de $0^{ohm},0007$, la force électro-motrice du courant est d'environ 3 volts et le courant fourni est de 800 ampères.

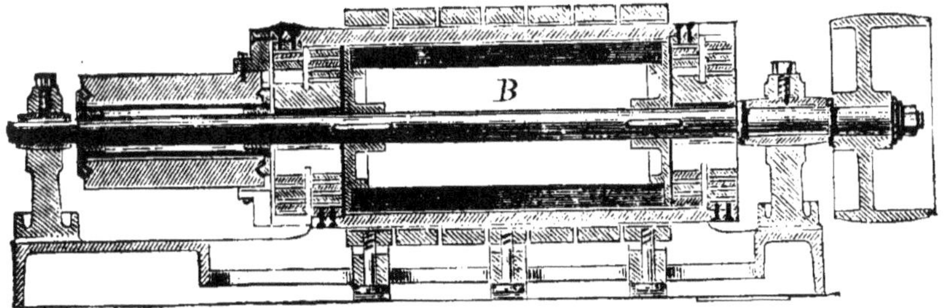

Fig. 87.

Quant à la liaison des inducteurs et de l'induit, elle est variable suivant les cas. Lorsque la dépolarisation électrolytique doit être faible, on monte les inducteurs en tension avec la bobine, et dans le cas contraire, pour éviter le renversement des pôles, on les accouple en dérivation.

Nous ajouterons enfin, que cette machine très robuste, peut supporter un échauffement considérable pendant le travail et n'est pas susceptible de se détériorer par suite de l'emploi de l'amiante comme isolant.

Machine Weston.

La machine Weston est une de celles dont l'emploi est le plus général en Amérique. Elle est en perspective représentée (fig. 88), et l'on voit immédiatement

qu'elle a subi quelques transformations et que le type
actuel diffère un peu de celui que nous avons décrit
précédemment.

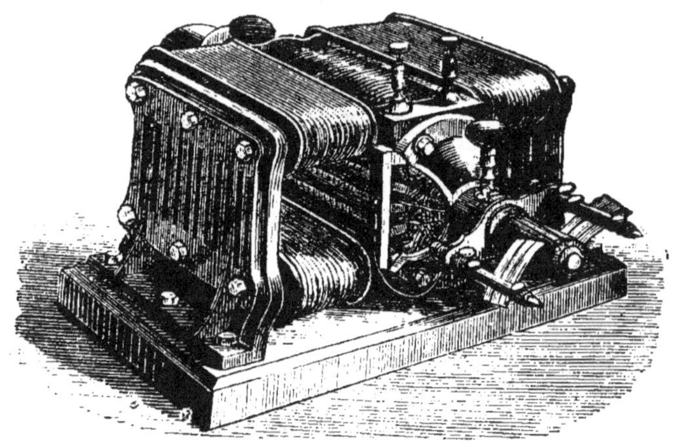

Fig. 88.

Notamment les trois branches d'électro-aimants
qui formaient chaque pôle, ont été avec raison rem-
placées par une seule à section ovale, de telle sorte
que la machine se rapproche de celle de Siemens,
mais plus robuste que cette dernière.

Chaque épanouissement polaire est d'une seule
pièce avec les deux noyaux d'électro-aimants qui lui
correspondent, et a un quadrilatère très solide formé de pièces boulonnées aux extrémités du bâti.
Les épanouissements polaires comportent aussi deux
appendices, un de chaque côté pour le support de
l'arbre.

Le noyau de l'armature est toujours formé de disques isolés, enfilés sur l'axe et découpés à dents, de
manière à ce que le cylindre d'ensemble ait des rainures longitudinales dans lesquelles s'enroule l'induit.

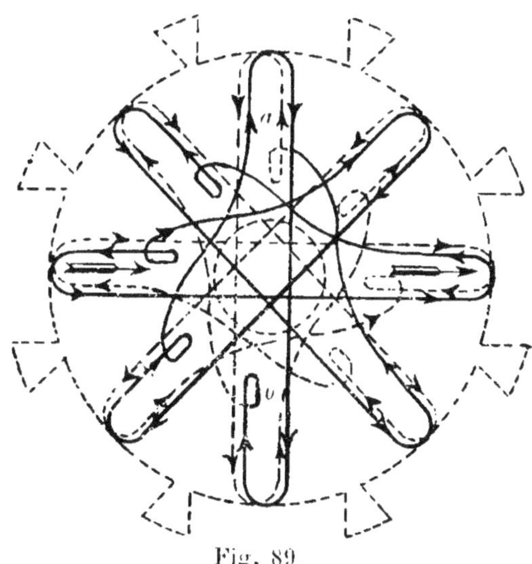

Fig. 89.

La fig. 89 montre comment cet enroulement se
fait. Partant du point a, on suit d'abord les traits
pleins en faisant à chaque tour une boucle pour la
liaison avec le collecteur, puis on complète le circuit
à partir de b en suivant les traits pointillés. Il y a
donc deux bobines dans chaque division du cylindre,
et quant à la disposition des bobines dans ces divi-
sions, elle peut varier.

Ou bien les bobines sont côte à côte, ce qui est préférable, mais assez délicat à réaliser, on bien elles

sont l'une sur l'autre; les traits pleins recouvrant les traits pointillés, dans une rainure, l'inverse dans la suivante, etc.

Les types des machines Weston sont très nombreux. Entre autres, le modèle 8WI pouvant faire 600 lampes à incandescence de 16 bougies, donne une différence de potentiel aux bornes de 120 volts, avec un rendement voisin de 90 0/0.

Comme en Amérique l'usage des lampes à arc est très répandu, il y a des types spéciaux de la machine Weston pour cet usage.

Les types les plus courants sont ceux de 50, 40 et 20 foyers, etc. Ce dernier modèle, dont les inducteurs sont montés en déviation, absorbe 14 chevaux vapeur, et à 900 tours par minute, donne un courant de 180 ampères.

Machine Westinghouse.

A côté de la machine Weston, se place naturellement la machine Westinghouse construite depuis peu par l'inventeur du frein bien connu et qui déjà est employée dans nombre d'installations en Amérique.

La machine Westinghouse rappelle tout à fait les dispositions de Weston. Le champ est constitué de la même manière par quatre branches d'électro, l'induit est une bobine Siemens allongée, les paliers

sont supportés par des appendices des épanouissements polaires, et l'excitation est faite en dérivation.

Machine Edison.

Les machines Edison actuelles. qu'on construit
tant en France qu'à l'étranger, tout en ayant conservé
l'allure générale de celle que nous avons décrite.
ont été cependant modifiées en ce qui touche surtout
le système inducteur.

Dans le type primitif. les électro-aimants avaient
une longueur considérable ; de plus, pour les grandes
machines, chaque inducteur était constitué par 2 ou
3 noyaux aboutissant à la même culasse. Dans les
deux cas, la disposition était mauvaise ; les champs
obtenus n'étaient pas en rapport avec la dépense de
fer et de cuivre : on était obligé par suite de faire
tourner les machines à de très grandes vitesses.
M. Hopkinson. un électricien dont les travaux sur
les champs magnétiques sont les plus connus, fut
un des premiers à s'apercevoir de ces défauts et à
y remédier. Il construisit une machine Edison dans
laquelle il plaça des noyaux d'une longueur notablement moindre, mais d'un diamètre plus considérable.

Pour les machines à électros multiples, il diminua
également la hauteur et réunit en outre en une seule
pièce oblongue les noyaux cylindriques. De la sorte.

il obtint des forces électro-motrices plus élevées avec un poids moindre, une dépense et une excitaton plus faibles.

Ces résultats servirent aux compagnies qui exploi-

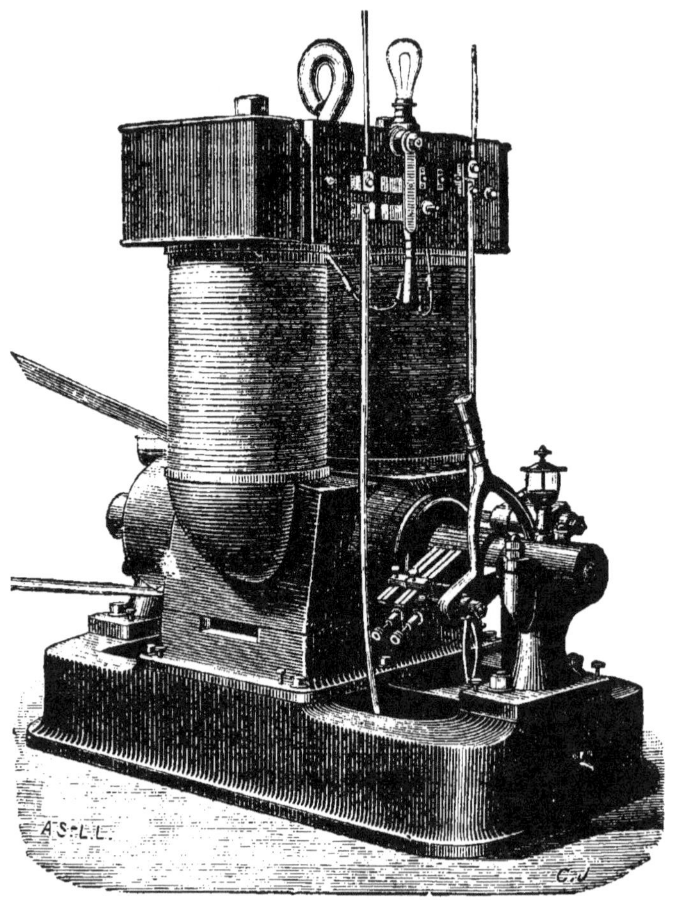

Fig. 90.

taient le brevet Edison, et immédiatement tous les types furent modifiés dans le sens que nous venons d'indiquer. Pour de très grandes machines, on conserva la multiplicité des noyaux à cause de la longueur des bobines, mais la hauteur fut notablement abaissée. La figure 90 représente une machine type Z de construction américaine. Elle est formée par un gros électro en fer à cheval réuni à une forte culasse et ayant des épanouissements en fonte qui reposent sur le bâti même, mais séparés de celui-ci par une plaque non magnétique pour empêcher la formation des lignes de force sur le socle.

L'induit est resté dans la bobine que nous avons décrite : un noyau de fer composé de rondelles accolées, réunies par des boulons isolés, et sur lequel le fil de cuivre est enroulé, suivant les génératrices extérieures diamétralement opposées.

Cette machine Z de huit chevaux occupe un espace de $1^m.93$ sur $0^m,83$ et une hauteur de $1^m.53$.

Voici d'ailleurs quelques données sur les principaux types de la machine Edison en Amérique :

	E	Z	L	K	H
Poids	290^k	1.230	2.500	3.300	3.600
Ch. absorbés.......	2ch.5	8	18	32	65
Vitesse.............	2.200	1.200	900	900	1.100
Nombre de lampes..	17	60	250	250	400
Volts aux bornes...	110	110	110	110	110
Nombre d'electros...	2	2	6	6	6

La machine française est tout à fait construite dans les mêmes conditions, mais elle a un peu plus de légèreté. En outre, pour le noyau de fer de l'induit, les rondelles ne sont pas réunies par des boulons, mais maintenues entre deux disques, ce qui est préférable.

Actuellement, les machines Edison sont de celles où l'on obtient des champs magnétiques très puissants.

Machine Thury.

La machine Thury, exploitée depuis quelque temps déjà par la maison Meuron et Cuenod, en Suisse, est

Fig. 91.

également une très bonne machine ayant une grande puissance sous un volume assez ramassé.

La figure 91 la représente. C'est une machine multipolaire à 6 pôles dans laquelle tout le fer employé comme bâti est utilisé magnétiquement autant que possible. La forme générale est celle d'un prisme hexagonal, dont les faces sont formées par des électro-aimants plats A. Les angles internes sont remplis par des épanouissements polaires PP alternativement nord et sud, embrassant l'armature.

La bobine est un tambour, genre Siemens, dans lequel pourtant l'enroulement est particulier, en ce sens que les croisements des cadres, au lieu de se faire à l'une des extrémités suivant le diamètre du

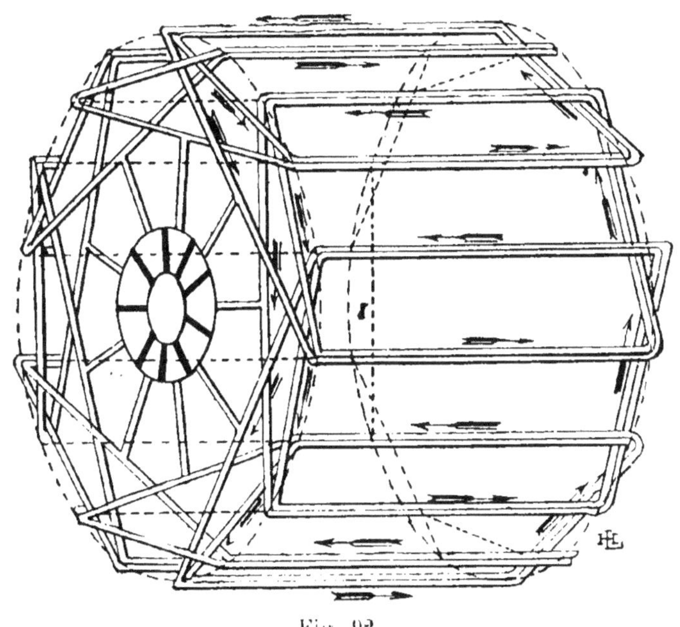

Fig. 92.

cylindre, se font suivant des cordes correspondant à une fraction paire de la circonférence.

La figure 92 montre en schéma cet enroulement. La bobine est divisée en 6 parties, chaque conducteur passant sur les bases du tambour par une corde égale au rayon : 1/6 de la circonférence ; leurs conducteurs forment un circuit continu.

Le conducteur 1 est relié à 6, de manière que le bout sortant de 1 devienne l'entrée de 6 ; 3 est relié à 8, 5 à 10, et... 17 à 4 de la même manière.

Comme on le voit sur la figure, chaque conducteur enroulé passe par exemple de 3 à 8, revient plusieurs fois sur lui-même en suivant 6 et 3, et comme il en est de même pour tous les fils, le cylindre se trouve finalement composé de 9 cadres rectangulaires enchevêtrés et dont chacun est relié au suivant par un fil allant en même temps à une des lames du collecteur.

Il y a plusieurs types de machines Thury.

Le nº 1 fait 100 lampes de 16 bougies avec 100 volts.

Le nº 2 fait 250 à 300 lampes et donne 100 volts à 450 tours environ, son poids est de 1.100 k.

Machine Lahmeyer.

C'est depuis deux ans à peine qu'existe la machine Lahmeyer qui compte déjà comme une des meilleures en Allemagne.

Les fig. 93 et 94 montrent cette machine en élévation et en coupe.

Sur son induit, qui est une bobine Siemens n'ayant qu'une couche de fil, il n'y a rien à dire, et le point intéressant seulement réside dans la façon dont le circuit magnétique est formé.

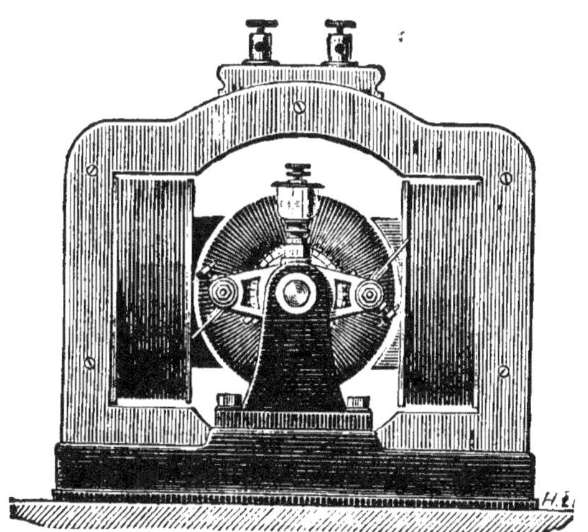

Fig. 93.

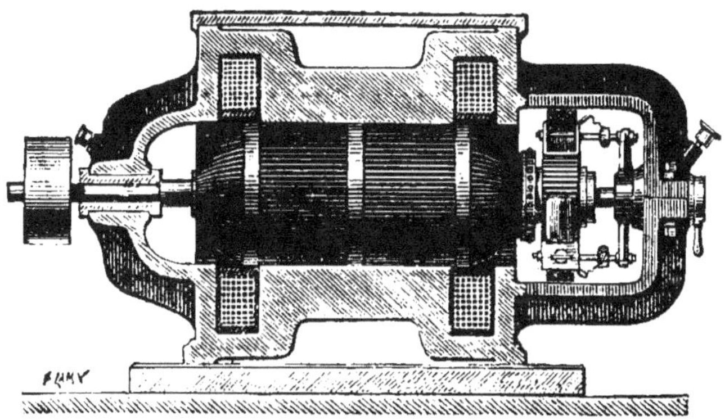

Fig. 94.

Les inducteurs, au nombre de deux, sont comme on le voit, extrêmement courts; ils sont logés pour ainsi dire dans la masse de fonte constituant le bâti. et par suite la culasse étant double, le circuit magnétique est obligé de se fermer par l'entrefer et le noyau de l'induit. Il n'y a aucune déperdition de lignes de forces. et c'est là une des meilleures utilisations de la matière. Il n'y a pas de pièces polaires, et par suite les zones neutres étant d'une grande étendue. il ne peut y avoir d'étincelles aux balais dont le réglage est très facile.

Le rendement est assez élevé et atteint 250 volts par kilog. de cuivre.

Il n'existe encore qu'un petit nombre de modèles. Voici toutefois quelques renseignements sur le n° G^{IV} :

Poids de la machine	750 k.
Vitesse	880 t.
Diamètre de l'induit	22^{cm},5
Longueur de l'induit	32^{cm}
Différence de potentiel aux bornes	65 volts
Courant maximum	200 ampères
Rendement	95 0/0

Machine Eikemeyer.

La machine Eikemeyer qui, à cause de la forme de son induit, vient prendre place dans ce chapitre, appartient cependant à un petit groupe de dynamos spécial, auquel les Anglais ont donné le nom de *Iron-Clad* dynamos (vêtues de fer).

En effet, comme le nom l'indique ainsi que la figure 95, l'enroulement induit est enfermé de toutes parts par une enveloppe de fer. De la sorte on a qu'un seul circuit magnétique, et par suite l'excitation des inducteurs est un peu moins coûteuse ; mais on a l'inconvénient d'avoir les spires inductrices et induites très rapprochées dans un espace fermé, condition trop favorable pour l'échauffement. Pour éviter cet inconvénient, les bobines des inducteurs ne sont pas

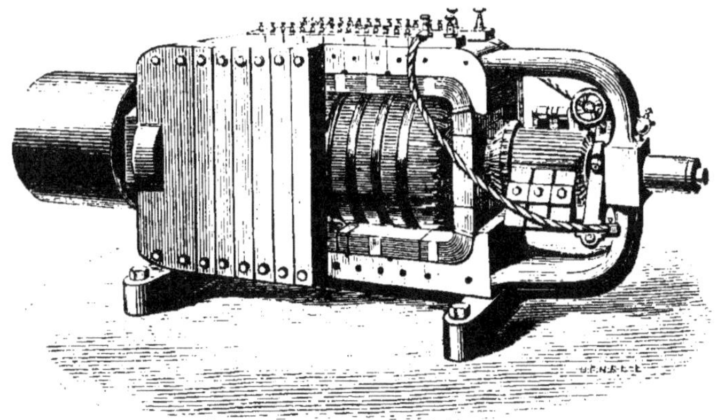

Fig. 95.

jointives. Un certain espace libre est laissé entr'elles pour permettre à l'air de circuler grâce aux orifices laissés à dessein dans l'enveloppe métallique extérieure.

Quant à l'induit de la machine Eikemeyer, il est constitué par une bobine Siemens. telle que nous la connaissons, mais qui réalise un montage spécial très judicieux qui ne peut avoir que des avantages. Toutes les spires sont indépendantes les unes des autres. et le bobinage n'est pas fait directement sur le noyaux. Chaque section est bobinée à part sur un mandrin spécial. Les fils y sont maintenus côte à côte par le vernis de gomme laque dont ils sont imprégnés, et par des rubans laqués qui lient l'ensemble.

Lorsque toutes les sections préparées d'avance ont été séchées avec soin. on vient les ajuster côte à côte sur le noyau de fer, où elles sont solidement fixées par un cordage de fouet ou de fils de fer.

Un des principaux avantages de cette construction. c'est d'abord que le bobinage peut être très rapide, puisqu'un grand nombre d'ouvriers peuvent travailler à la fois, ensuite il est facile d'avoir des sections de rechange et de pouvoir. en cas d'accident, faire une très rapide réparation.

Les machines Eikemeyer sont déjà très connues en Amérique, où d'ailleurs elles ont donné d'excellents résultats.

Machine Wenstroem.

C'est également au groupe des machines *Iron-Clad* qu'appartiennent les dynamos qu'étudie et construit M. Wenstroem en Suède. L'inventeur. en effet, cherchant. comme M. Eikemeyer, à créer des champs magnétiques très puissants avec la plus grande économie possible, a entouré d'une cuirasse de fer ses circuits inducteurs. Il a construit un très grand nombre de types, fondés sur la même disposition. mais ayant des formes assez différentes.

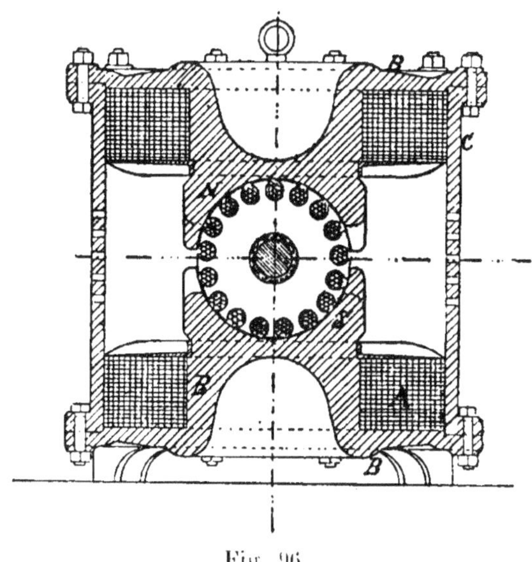

Fig. 96.

Celle que représente la figure 96 est une des plus connues et qui donne une idée bien exacte de la disposition des organes.

L'enveloppe métallique qui fait partie du bâti même de la machine est une sorte de cylindre dans lequel deux rainures creuses ont été ménagées pour le logement des fils inducteurs. Ceux-ci constituent ainsi deux galettes horizontales. l'une au-dessus. l'autre au-dessous de l'induit.

Ce dernier, qui est également une bobine genre Siemens, est cependant construit d'une façon spéciale, toujours dans le but d'augmenter le champ magnétique. Les fils, au lieu de venir recouvrir extérieurement le noyau de fer, prennent place dans des rainures ménagées à cet effet. Le fer affleure ainsi entre les sections et l'entre-fer est d'autant diminué.

C'est une disposition identique qu'a adoptée récemment M. Rechnieski pour un modèle nouveau de machine qui promet beaucoup.

Seulement, pour éviter l'échauffement, il a construit ses électros avec des lames de tôle de fer découpées, et il est ainsi arrivé à diminuer le prix de revient et la quantité de fil inducteur. Ces machines sont au reste trop récentes pour que nous puissions encore donner des détails plus précis.

Enfin, pour terminer ce qui a rapport à la machine Wenstroem, nous donnerons quelques chiffres qui se rapportent au type M_5 :

Poids total	490 kilog.
Poids du cuivre sur les inducteurs	57,6 kilog.
— — l'induit	14,5
Vitesse de rotation	1090
Différence de potentiel aux bornes	210 volts
Intensité du courant	46 ampères
Travail électrique utile	14,18 chevaux
Rendement électrique	0,867

Ces résultats ne sont pas précisément aussi beaux que ceux que la construction de la machine permettait de prévoir. Cela tient sans doute à des détails qui seront corrigés dans la suite.

L'atelier principal de M. Wenstroem est à Orebro·
en Suède, et depuis peu la construction de ces machines a été entreprise en Suisse par la Compagnie
des téléphones de Zurich.

La machine Immisch.

Quoique toute machine dynamo-électrique soit réversible et puisse, comme nous l'avons expliqué,
servir de génératrice ou de réceptrice à volonté, il
existe cependant assez de différences dans la construction, pour que les moteurs puissent former une
sorte de classe à part à côté des machines proprement
dites. Aujourd'hui que le transport et la distribution
de la force se répandent un peu partout, mais surtout
en Amérique et en Angleterre, que, par suite, le nombre des moteurs en service devient considérable, les
différents types se multiplient trop pour que nous
puissions les analyser ici. Une pareille description
nous entraînerait beaucoup trop loin d'abord, et en
second lieu n'ajouterait pas grand chose à l'exposition qui précède à cause même de tous les détails dans
lesquels nous avons dû entrer. Nous avons cru, toutefois, devoir faire une exception en faveur du moteur Immisch, que ses qualités placent parmi les
meilleurs et qui ne perd rien de sa valeur lorsqu'on
l'emploie comme machine génératrice.

La figure 97 montre un ensemble de ce moteur qui

apparait comme étant très ramassé, peu élevé et, par
suite, très stable. Le champ y est créé par deux électro-aimants plats constituant deux pôles entre lesquels tourne un induit spécial présentant de grandes
analogies avec une bobine Siemens, et qui n'en diffère que parce que chaque spire est mise en court-
circuit au moment de son passage dans la région
neutre. A cet effet, l'arbre porte deux collecteurs côte
à côte, la séparation de deux segments dans l'un correspondant exactement au milieu d'un segment de
l'autre.

Fig. 97.

MM. Immisch et Cie ne sont arrivés à cette disposition qu'après plusieurs tâtonnements : au début,
cherchant à faire un moteur dans lequel il n'y eut
pas de points morts, ils avaient dans un champ à qua-

tre pôles, monté un induit composé de trois bobines
rayonnantes placées à 180° l'une de l'autre comme le
montre la fig. 98. Leur but était évidemment atteint
ainsi : mais la dissymétrie du champ par rapport
à l'axe avait le grave inconvénient de ne pas équili-
brer les attractions sur la bobine et, par suite, l'arbre
était soumis à de tels efforts de flexion que ce mode
de construction fut vite abandonné.

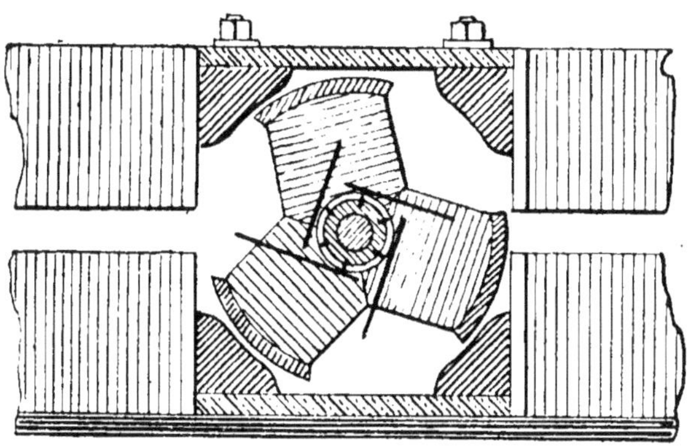

Fig. 98.

La deuxième tentative conduisit alors les constructeurs à n'employer que deux pôles et à modifier la
bobine. Sur une âme en fer à dents, comme dans la
machine Wenstroem, les trois circuits du premier moteur étaient divisés chacun en deux parties situées à
90° l'une de l'autre et groupés en dérivation. Deux
collecteurs disposés comme ceux de la figure 97 permettaient de mettre en court circuit chaque section
à son passage à la ligne neutre, mais comme chaque
circuit était composé de deux parties à angle droit,

ils se trouvaient tous successivement fermés sur eux-mêmes au moment où une moitié étant neutre, l'autre était à son maximum d'effet. Cette deuxième disposition dut donc comme la première être abandonnée, pour créer le dernier type auquel se rapportent les chiffres qui suivent :

Poids du moteur	160 kilg.
Résistance	0,55 ohm.
Énergie mécanique disponible au frein	4,80 chevaux.
Énergie électrique	5,55 chevaux.
Vitesse	1000 tours.
Différence de potentiel	131 volts.
Intensité du courant	31,50 ampères.
Rendement	0,865.

Ce dernier chiffre relatif au rendement est d'ailleurs très variable, suivant la puissance du moteur. Il n'est que de 75 0/0 dans le moteur de un cheval, mais il atteint 90 0/0 pour des puissances de 10 à 20 chevaux.

Machine Thomson Houston.

Depuis 1880, l'industrie américaine possède une dynamo d'un genre particulier, formant un groupe à elle seule, mais qu'on peut cependant rapprocher de celles où l'induit est une bobine. Cette machine est la machine Thomson Houston. La fig. 99 montre l'ensemble de cette dynamo.

Les inducteurs sont formés par deux cylindres creux μ portés par le bâti. A l'intérieur, ces cylindres se terminent par une calotte sphérique et à l'extérieur par une large partie annulaire forment de part et d'autre les plaques extrêmes de la machine. Ces plaques sont alors réunies entre elles par des barres de fer extérieures qui forment le circuit magnétique et mettent pour ainsi dire la dynamo en cage.

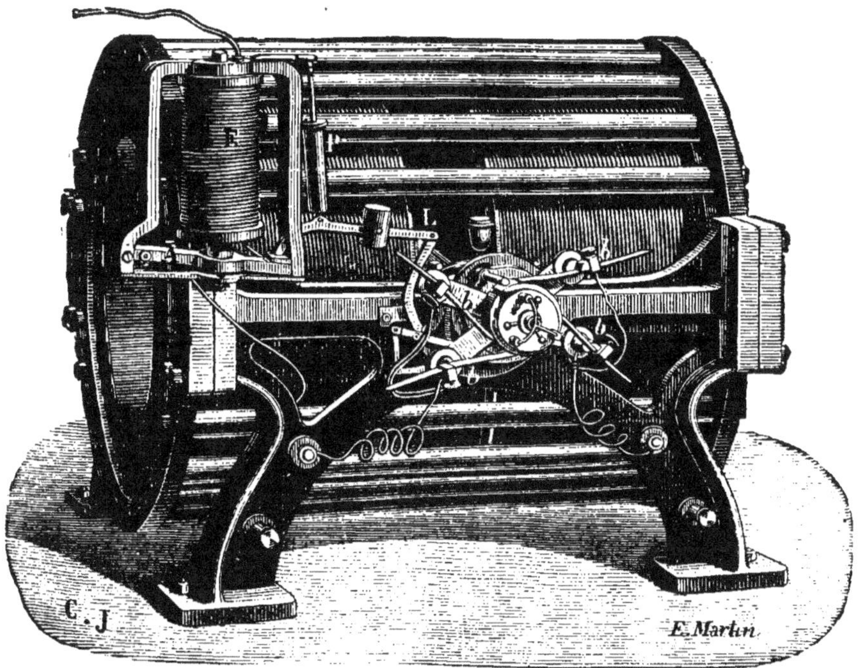

Fig. 99.

L'induit se trouve placé dans un champ sphérique, ou sphérique lui-même il est formé par trois bobines

enroulées sur un noyau de fer pour affecter la forme
d'un ellipsoïde de révolution.

Cet ellipsoïde est formé (fig.100). par deux plaques
concaves SS fixées sur l'axe et entre les bords des-

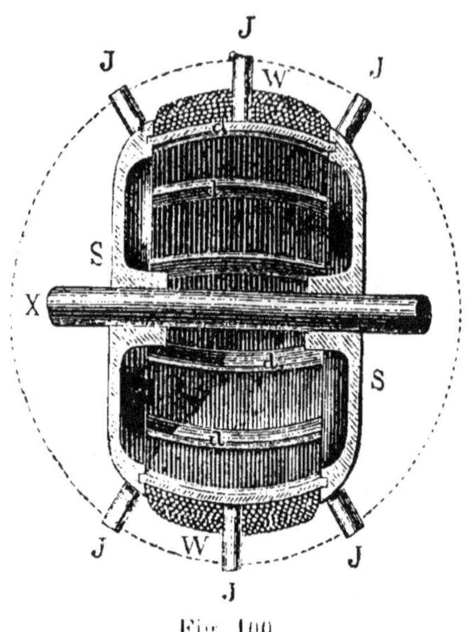

Fig. 100.

quelles on interpose des traverses en fer *dd*. Sur ces
traverses on enroule une certaine quantité de fil de
fer oxydé verni et sur le bord des plaques S on insère
des chevilles en bois J qui servent de guide pour
l'enroulement des bobines. Celles-ci se trouvent donc
à 120° l'une de l'autre, comme le montre la figure 101,
et les trois fils entrant sont réunis ensemble en *h*
alors que les trois fils sortant vont aux segments
égaux du commutateur.

L'enroulement se fait de la manière suivante : on

enroule d'abord la moitié de la première bobine, la moitié de la seconde, toute la troisième, puis les

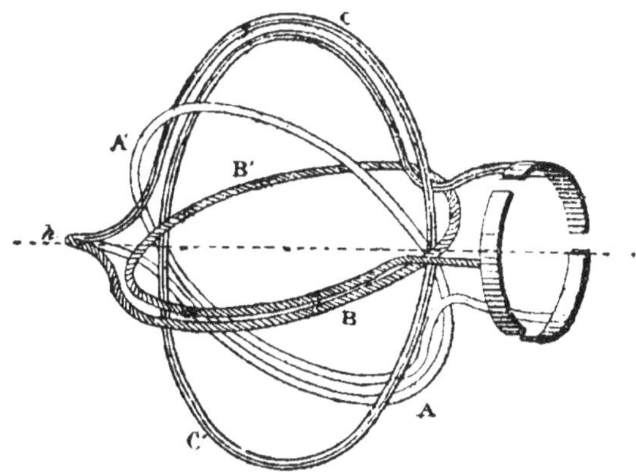

Fig. 101.

deuxièmes moitiés des deux premières bobines aux points correspondants de leurs premières moitiés.

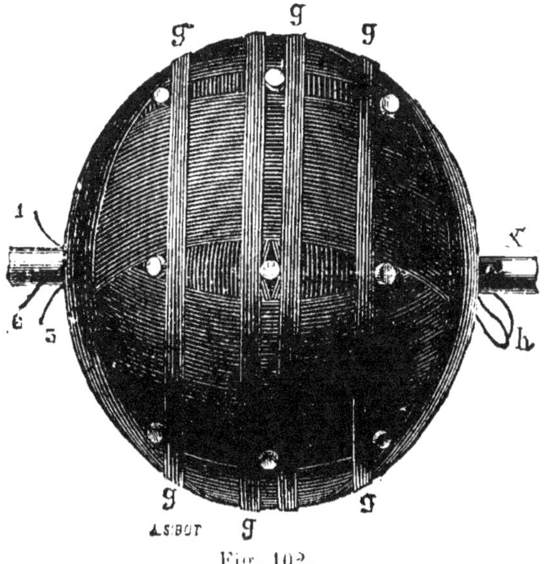

Fig. 102.

Les bobines chevauchent ainsi l'une sur l'autre ; mais comme le noyau est ellipsoïde, la bobine totale est sphérique (fig. 102).

Ceci dit, voyons le fonctionnement de la machine. En se reportant à la figure 101, on voit que les deux parties de chaque enroulement A et B', B et B', C et C' passent au même moment devant les pôles de sens contraire, que, par suite, les courants de ces deux parties s'ajoutent et qu'il suffit de considérer ce qui se passe en réduisant les trois enroulements à leurs moitiés. Les balais étant placés sur une ligne parallèle à l'axe des pôles, on voit que lorsque l'enroulement A, par exemple, sera dans la région neutre, le segment du commutateur correspondant ne sera pas touché par un balai et que cet enroulement sera séparé, par suite, du circuit général. Au contraire, les bobines B et C situées dans la zone active seront en tension. Le mouvement se continuant, lorsque A sera dans l'axe des pôles même, B et C seront dans la région du pôle opposé ; mais, comme un des balais touchera en même temps les deux segments de ces bobines, celles-ci seront en quantité et leur circuit en tension avec A. Enfin B sortira du champ, A et C seront en tension, etc., de manière que chaque bobine sera successivement exclue du circuit à son passage dans la région neutre.

Toutefois, comme avec la disposition simplifiée de la figure, chaque bobine est mise hors circuit à 60° de la ligne neutre et qu'à ce moment elle est encore le siége de courants d'induction. Thomson a remplacé chaque balai par deux balais, réunis ensemble et superposés, mais faisant entre eux un angle de 35°.

De la sorte, chaque bobine reste en dérivation dans le circuit jusqu'au moment exact où elle est inactive.

C'est d'ailleurs avec ces balais qu'est fait dans cette machine le réglage dit réglage *en arrière*. Ces balais sont réunis par des leviers à l'armature d'un électro-aimant, actionné par le courant lorsque l'intensité, devenue trop haute, le travail de la machine doit être restreint. L'armature de l'électro fait donc brusquement changer le calage. mais, tandis que deux balais reculent d'un certain angle, les deux autres avancent d'une quantité trois fois moindre. L'intensité diminue alors. c'est exact : mais on ne sait pas trop bien ce qui se passe dans la machine. Dans leur nouvelle position, la distance angulaire des deux paires de balais étant inférieure à 120°, la bobine entière se trouve par un segment de collecteur. fermée 6 fois par tour sur elle-même. Les inducteurs se trouvent donc seuls en circuit avec les lampes et il devrait s'en suivre des sursauts dans le courant. De fait il n'en est rien. M. Thomson croit que les spires inductrices, soit par suite d'actions entre elles. soit par une réaction provenant de l'induit, alimentent le circuit général pendant la fermeture des bobines induites; c'est possible. mais. de fait, il reste là un certain doute qui n'a pas été bien éclairci.

La machine Thomson Houston est une machine à haute tension : 2.000 à 3.000 volts.

Le type M, par exemple, de 26 chevaux, pesant 1,700 kilog., peut alimenter 34 foyers à arc en tension de 9^{amp}6 et de 45 volts chacun.

CHAPITRE III

MACHINES DYNAMO-ÉLECTRIQUES A COURANTS ALTERNATIFS.

Machines alternatives actuelles.

Si quelques-unes des machines dynamo à courants alternatifs que nous avons décrites précédemment ont absolument disparu de l'industrie, il en est quelques-unes qui se sont encore conservées, et sur lesquelles nous n'avons rien de nouveau à ajouter. Ce sont, par exemple, les machines auto-excitatrices de Gramme, les machines Siemens et Halske, les machines Siemens.

Leur type s'est absolument conservé et les détails de construction modifiés sont sans importance.

Nous ne ferons donc dans ce chapitre que compléter ce que nous avons dit, en décrivant les quelques machines employées actuellement et qui n'ont pas encore trouvé de place dans cet ouvrage.

Machine Lachaussée-Lambotte.

MM. Lachaussée et Lambotte, de Liège, construisent depuis plusieurs années une machine alternative que représente en perspective la figure 103.

Comme la machine Siemens, elle est formée d'une série de bobines ovales montées sur un disque placé entre deux rangées circulaires d'électro-aimants. Les bobines qui ont aussi un noyau de fer, composé de quelques lames, sont fixes et ce sont les inducteurs qui sont mobiles. Les bobines induites, dont l'ensemble constitue un tambour central, sont retenues au centre entre deux disques de bois serrés sur un manchon.

A la circonférence, chaque bobine est serrée par une sorte de cale logée dans une ouverture pratiquée dans l'anneau de bois formant la partie extérieure, et comme ces cales sont amovibles, le démontage des bobines, comme leur remplacement, est une opération des plus faciles.

Toutes les extrémités du fil des bobines courent suivant la circonférence du tambour, protégées par une garniture de cuivre et aboutissent à des bornes fixées à la partie supérieure de la machine.

On a donc un plateau de groupement ayant autant de paires de bornes qu'il y a de bobines, et l'on fait le groupage que l'on veut, suivant les cas, en ayant

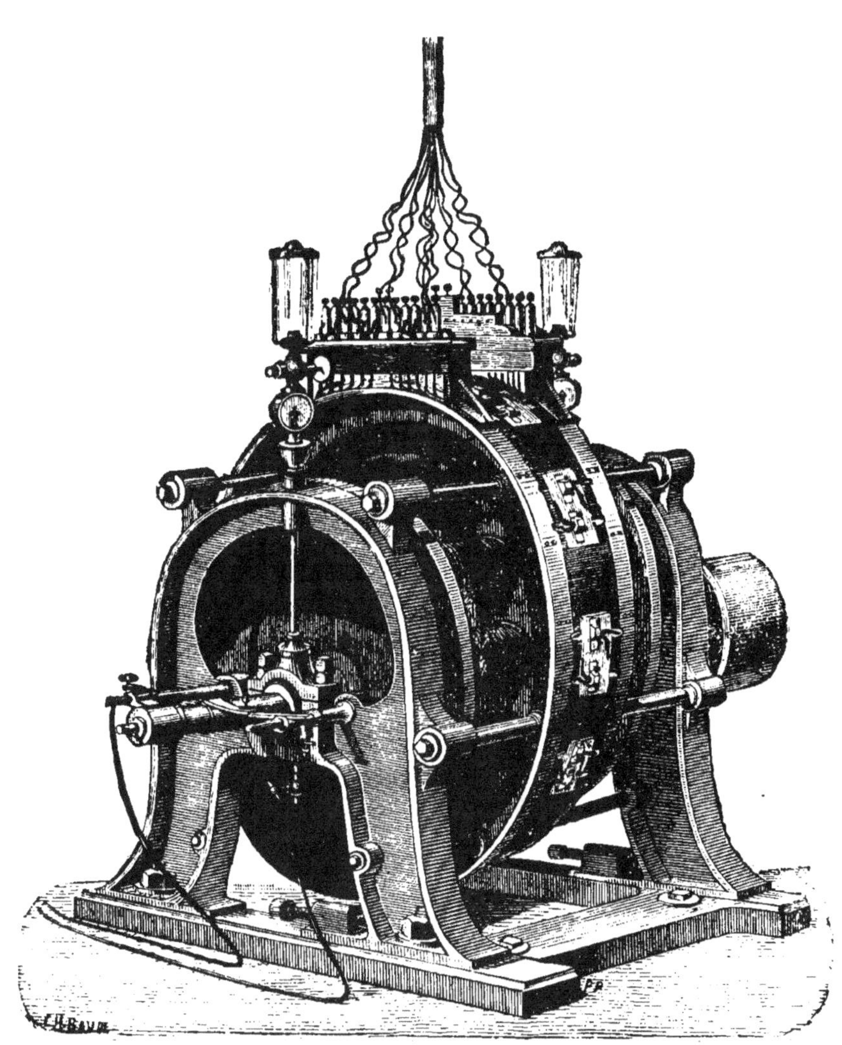

Fig. 103.

soin naturellement de réunir ensemble les bobines
dans lesquelles le courant est de même sens.

Six fortes entretoises, comme on le voit, supportent
le tambour des bobines induites.

Quant aux électro-aimants, ils sont fixés directement sur deux plateaux clavetés sur l'axe. Ils sont
tous en tension, de manière que deux pôles consécu-
tifs soient de noms contraires et qu'il en soit de
même pour les deux électro-aimants se trouvant en
regard de chaque côté de l'induit.

L'excitation est faite généralement par une petite
machine Gramme.

Le montage si simple de cette machine l'a rendue
pratique très rapidement. Le modèle le plus employé
est celui de 24 chevaux ayant 12 électro-aimants inducteurs de chaque côté.

Comme inconvénient, elle a celui de produire un
ronflement très désagréable pendant la marche.

Machine Chertemps et Dandeu.

La machine Chertemps est une machine qui se rapproche à la fois de la machine de Wilde et de la machine Lachaussée-Lambotte.

Comme celle de Wilde, en effet, elle est composée
de 3 séries de bobines : deux séries de six bobines E
(fig. 104) formant inducteur et une série de 6 autres
neutres sur un plateau central M constituant l'induit,

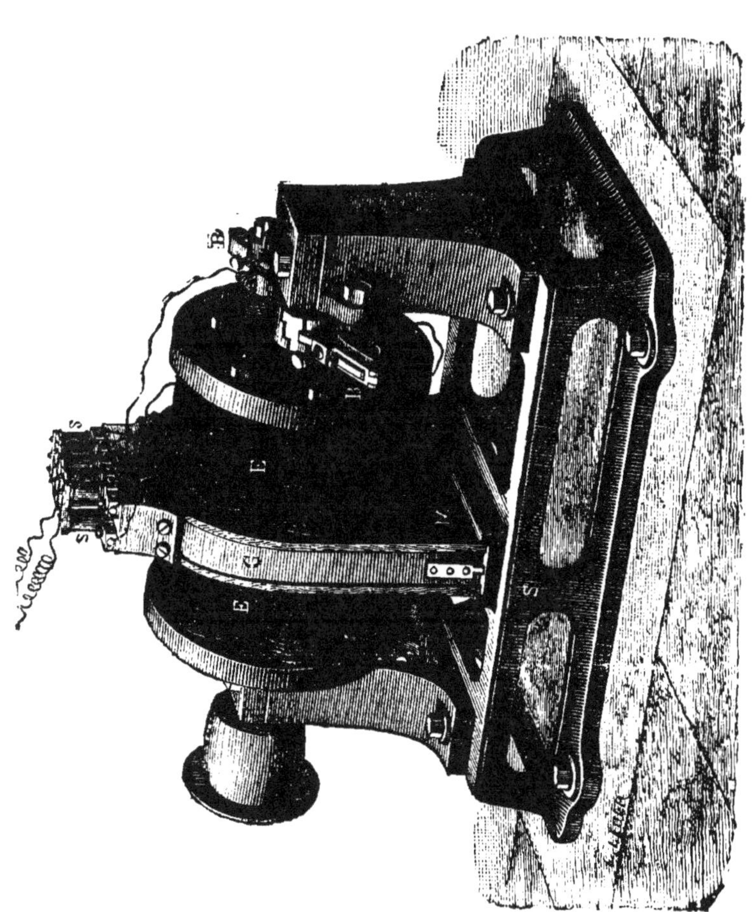

Fig. 104.

et comme dans la machine Lachaussée, les inducteurs
sont mobiles, les induits fixes.

Cette disposition est avantageuse pour les raisons
que nous avons dites. En outre, la machine Chertemps
n'exige pas d'excitation : en effet, le courant d'une
des bobines induites est redressé et excite les électro-aimants. A cet effet, ce courant est amené aux
balais BB' et le commutateur qui le conduit aux inducteurs lui donne à chaque instant le sens voulu.
Comme dans la machine précédente, la partie supérieure du bâti porte une table de groupement. A
cet effet, le circuit de chaque bobine est amené à
deux bornes où il peut être employé soit isolément,
soit en combinaison avec les autres.

Une sorte de tiroir métallique facilite ces combinaisons. Mais ici il y a une particularité intéressante.
Dans chacun des circuits une petite bobine formant
électro-aimant est intercalée ; chaque électro a une
armature qui, lorsqu'elle est abaissée, ferme le circuit sur lui-même. Par suite, quand un de ces circuits n'est pas utilisé, ses deux extrémités sont réunies dans la machine même, et dès qu'il y a un circuit extérieur, l'électro agit, soulève son armature
et le courant est utilisé. Cette disposition est importante et les machines alternatives exigent d'autant moins de force que leur circuit est moins résistant.

Le rendement de cette machine est assez élevé relativement à son faible poids et ses petites dimen-

sions. Il en existe plusieurs modèles auxquels se rapportent les données suivantes :

Modèles	Poids	Vitesse	Travail absorbé	Nombre de lampes à incandescence
0	40 k.	1300 t.	1 cheval	4
1	105	1300	3,50	30
2	180	1200	6,50	50
3	300	1000	8	70
4	400	800	11	100

Machine Ganz.

Les machines alternatives les plus employées en Autriche sont les machines de Ganz de Budapest.

Ces machines sont absolument du type de celles de Lontin, et quelques mots suffiront à les décrire.

Elles sont formées par un cylindre extérieur garni intérieurement de bobines plates fixes constituant les bobines induites, et devant lesquelles tourne intérieurement un cylindre garni de bobines analogues. Enfin, le cylindre extérieur est garni d'un enroulement de fil de fer pour le renforcement du champ magnétique.

Dans certains modèles, l'excitation est faite par une machine Siemens ; dans d'autres, il y a une auto-excitation identique à celles des machines de Gramme.

Ces machines sont toujours de construction très soignée.

Machine Ferranti.

Cette machine, qui fit beaucoup de bruit à son apparition en 1882, est une sorte de machine Siemens dans laquelle l'induit est tout particulier. Au lieu d'être formé par un enroulement de fils, il est constitué par un long ruban de cuivre (fig. 105) enroulé suivant une courbe sinueuse. Cette armature tourne devant deux rangées d'électro-aimants inducteurs

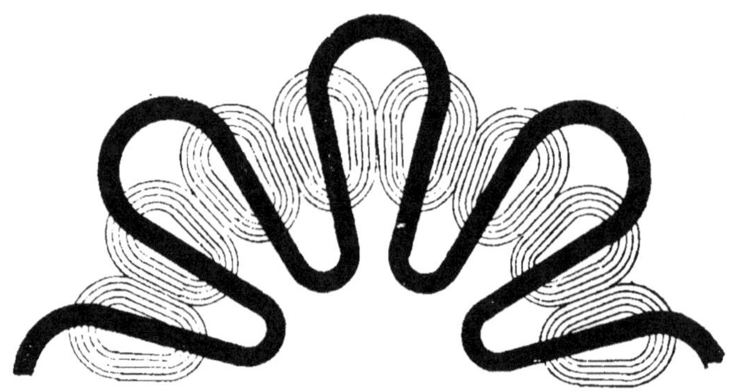

Fig. 105.

fixes, et si l'on considère deux parties radiales voisines, on voit que lorsqu'une d'elles s'approche d'un pôle N, l'autre s'approche d'un pôle sud, que, par conséquent les courants induits sont de signe contraire et qu'ils s'ajoutent comme il convient.

Dans le grand modèle correspondant à 5,000 lampes Swan l'ensemble de l'organe induit est constitué de la manière suivante : il se compose d'un anneau de cuivre fixé sur l'axe entre deux blocs dont il est isolé. Autour de cet anneau sont fixés.à 8 intervalles égaux, 8 rubans de cuivre de 31^{mm} de largeur et de 1^{mm},75 d'épaisseur : ces lames sont ondulées comme on le voit, isolées les unes des autres par un papier et forment un circuit complet dont les extrémités sont reliées aux deux blocs de l'arbre. Enfin sur ceux-ci viennent presser deux sabots formant balais.

De chaque côté de la machine, il y a 32 électro-aimants dont les noyaux sont venus de fonte avec le bâti et dont l'enroulement est également fait avec des barres de cuivre de 1^{mm},8 sur 22.

Cette machine a l'avantage d'avoir une résistance intérieure très faible, d'être très légère et de permettre de très grandes vitesses. Elle alimente, comme nous l'avons dit. 5.000 lampes Swan exigeant chacune 200 volts et 0^{amp},33.

CHAPITRE IV

MACHINES MAGNÉTO-ÉLECTRIQUES.

Machine Meritens.

Les machines magnéto-électriques ne sont employées aujourd'hui que dans les phares et la marine. L'installation de cette nature, exigeant une sécurité absolue de la part de la machine, l'administration n'a jamais osé se fier complètement aux machines dynamo, plus délicates, et comme, en outre, les conditions de prix d'achat n'interviennent pas comme dans l'industrie privée, les machines magnéto ont toujours été préférées.

Ces machines sont, d'ailleurs, construites avec un soin tout particulier par M. de Meritens. Nous avons donné précédemment la disposition relative des aimants par rapport à l'anneau et le mode de construction de celui-ci. Actuellement, rien n'a été changé dans l'anneau ; mais la disposition des aimants parallèles à l'axe n'est employée que dans les modèles de puissance relativement faible. Pour les fortes ma-

chines, les aimants sont placés, au contraire, comme
le montre la figure 105, en cinq rangées de huit
faisceaux rayonnants. Dans ces machines, en outre,
chaque faisceau se compose de huit lames au lieu de
six et la largeur de l'anneau a été augmentée : elle
est actuellement de 80 millimètres.

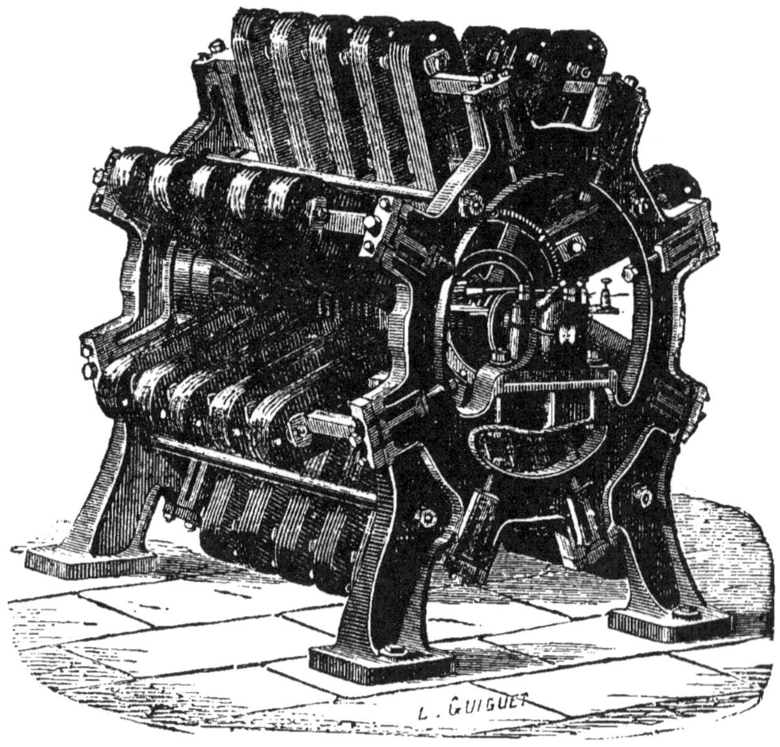

Fig. 106.

En dehors de ses machines alternatives. M. de Meritens en a construit à courant continu, mais qui n'ont
pris aucun développement. Dans celles-ci il constitue
le champ par quatre groupes de faisceaux droits.

donnant ainsi quatre larges pôles, nécessitant, par suite, quatre balais.

Dans l'intérieur du cylindre ainsi formé, est placé l'induit analogue à celui des machines alternatives, mais dans lequel le sectionnement des bobines est plus considérable.

CHAPITRE V

MACHINES A INDUIT EN FORME DE DISQUE

Machine Thomson

Actuellement, une tendance nouvelle se manifeste dans la construction des machines dynamo-électriques. En cherchant toujours à créer des champs les plus intenses possibles, on a cherché à diminuer de plus en plus l'épaisseur de l'induit, et, par suite, à supprimer le fer de celui-ci.

La première tentative dans ce genre fut faite par sir W. Thomson, en 1884, qui breveta la machine représentée figure 107 et dans laquelle le point caractéristique est la forme de disque donné à l'induit. Comme on le voit, celui-ci se composait d'une série de barres de cuivre placées suivant le rayon; mais comme vers le centre l'espace est naturellement plus restreint, ces barres avaient une moindre épaisseur horizontale, mais une plus grande largeur verticale.

L'ensemble de ces barres formait un disque de

1^{m},20 de diamètre. Toutes les barres communiquaient entre elles à la circonférence par un anneau métalli-

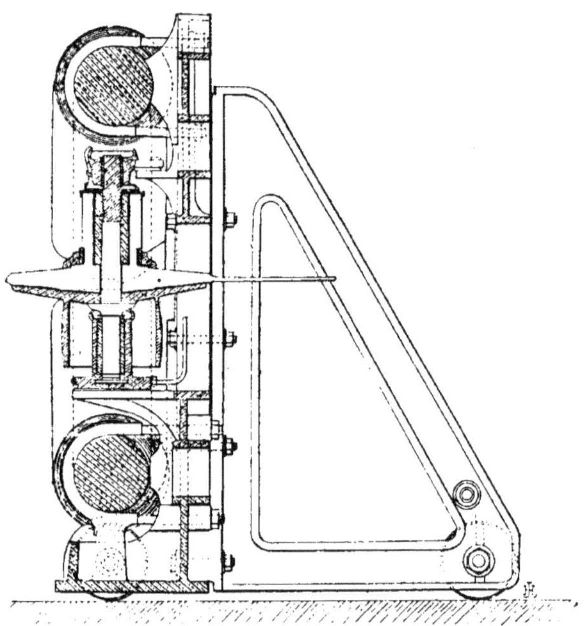

Fig. 107.

que et au centre ces barres, isolées les unes des autres, portaient des appendices parallèles à l'axe de rotation qui constituaient les lames du collecteur. Le disque tournait entre deux électro-aimants de forme demi-circulaire, présentant leurs pôles de nom contraire face à face pour donner l'aspect d'un tore coupé seulement par le disque en son milieu. Les champs magnétiques étaient peu étendus, mais très énergiques, et la machine étant destinée à marcher à de grandes vitesses, des précautions spéciales étaient prises.

La machine était montée sur un bâti de fonte plat que soutenaient deux plaques, et le tout portait sur quatre roulettes. Le but des roulettes était tout spécial. En effet, la courroie de transmission se trouvant horizontale, il était nécessaire que sa tension fût toujours maintenue : c'est pour cela que la machine avait des roulettes. Elle était placée sur un plan légèrement incliné, et le poids de la machine suffisait à tendre convenablement la courroie.

Machine Desroziers.

Après Thomson, la question des armatures en forme de disque fut abandonnée et n'a été reprise que l'année dernière par M. Desroziers, qui prit, à cette époque, plusieurs brevets relatifs à la construction d'un induit en forme de disque.

L'idée de M. Desroziers est la suivante : réunir dans une machine multipolaire de $2n$ polarités $(np \pm 1)$ éléments induits et à connexer ces éléments d'une façon spéciale à $(np \pm 1)$ n lames de collecteur pour recueillir les courants par un nombre de n balais variant de 2 à $2n$, n et p étant des nombres entiers quelconques.

La fig. 108 représente un des éléments du disque perpendiculaire à l'axe de rotation. Le dessin s'ex

plique de lui-même. Tous les éléments sont constitués de la même manière et ils sont imbriqués

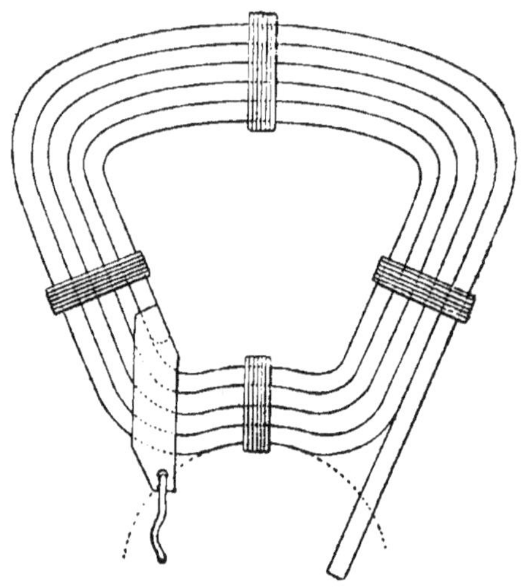

Fig. 108.

de manière à former le disque que représente la
figure 109.

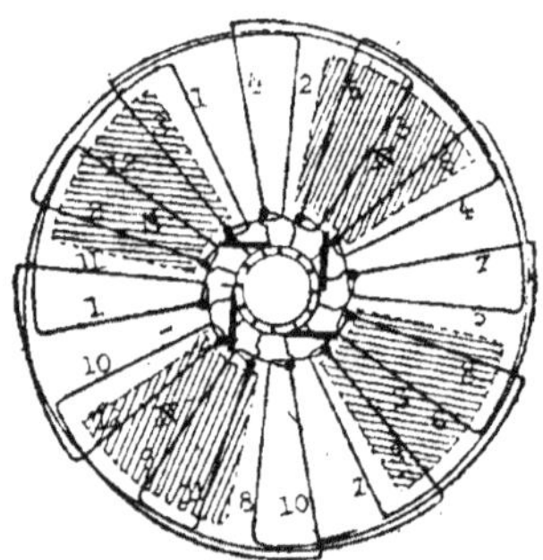

Fig. 109.

Pour comprendre maintenant comment les connexions sont faites, supposons $n=3$, $p=11$. Le nom-

bre de pôles est égal à 6, celui des éléments à 32. En numérotant alors les éléments, on les joindra en tension de la manière suivante :

$$1 - 12 - 23$$
$$2 - 13 - 24$$
$$3 - 14 - 25$$
$$\cdot \quad \cdot \quad \cdot \quad \cdot \quad \cdot$$
$$11 - 22 - 1$$

Le nombre de lames du collecteur ($3 \times 11 - 1$)3 sera 96 et les lames seront 3 par 3 en quantité, de manière que si on envisage l'espace compris entre deux pôles des inducteurs, tout se passera comme si les parties de l'induit qui s'y trouvent renfermaient les 32 éléments du disque.

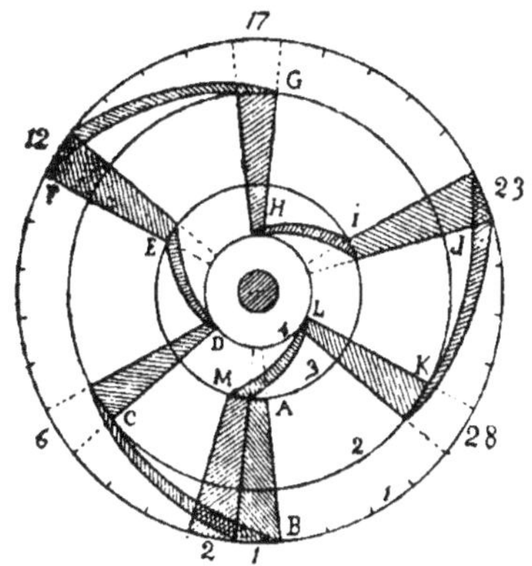

Fig. 110.

Dans un autre brevet, M. Desroziers a encore indiqué un autre mode d'enroulement fait avec des lames de cuivre au lieu de fils. Cet enroulement est repré-

senté fig. 110 et 11. Traçons 4 cercles concentriques 1,
2,3,4. Divisons le cercle total en 32 secteurs et supposons 32 lames métalliques placées côte à côte, mais
de différentes longueurs. La première AB ira du cercle 1 au cercle 3, la seconde de 2 à 4, la troisième de 1
à 3 et ainsi de suite. Cela étant, joignons la lame 1 à
la lame 6 par une plaque BC découpée en aube de
turbine. De la même manière, relions la lame 6 à la

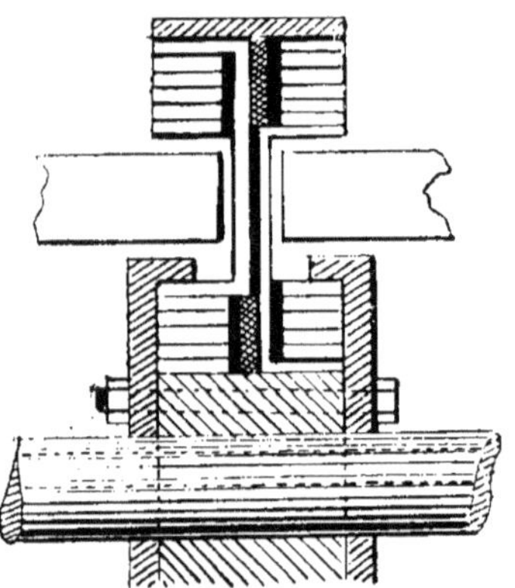

Fig. 111.

lame 12, la lame 12 à la lame 17, 17 à 23, 23 à 28, 28 à
2, 2 à 7 et ainsi de suite. De la sorte, on aura un enroulement complet où les diverses lames successives
montantes d'une part et descendantes d'autre part,
seront en avance les unes sur les autres d'une quantité constante par rapport aux lignes de forces correspondantes, en suivant le classement :

$$1 - 12 - 23$$
$$2 - 13 - 24$$
$$\cdot \quad \cdot \quad \cdot \quad \cdot \quad \cdot$$
$$11 - 22 - 1$$

Le collecteur aura toujours 96 lames et si celles-ci
sont en quantité 3 à 3 :

$$1 - 33 - 65$$
$$2 - 34 - 66$$
$$\cdot \quad \cdot \quad \cdot \quad \cdot \quad \cdot \quad \cdot$$
$$32 - 64 - 96$$

si on relie de plus les lames induites à celles du collecteur

$$1 \text{ avec } 1$$
$$2 \text{ avec } 4$$
$$\cdot \quad \cdot \quad \cdot \quad \cdot$$
$$32 \text{ avec } 94$$

on voit qu'il suffira de mettre deux balais l'un vers
la lame 1 du collecteur, l'autre vers la lame 16 pour
recueillir un courant.

Machine de la Société Edison de Paris

A peu près en même temps que M. Desroziers, la
Société Edison de Paris a breveté une disposition
analogue à la précédente.

La machine a 4 pôles. De chaque côté du disque,
le système inducteur est constitué par un cadre carré
en fonte ayant dans chaque angle les épanouissements polaires, et présentant en coupe l'aspect de la
figure 112.

Quant au disque, la figure 113 montre comment est
disposé l'enroulement. Chaque fragment à l'une de ses

moitiés sur une face du disque, l'autre moitié sur l'autre face. De même, chaque moitié est recouverte

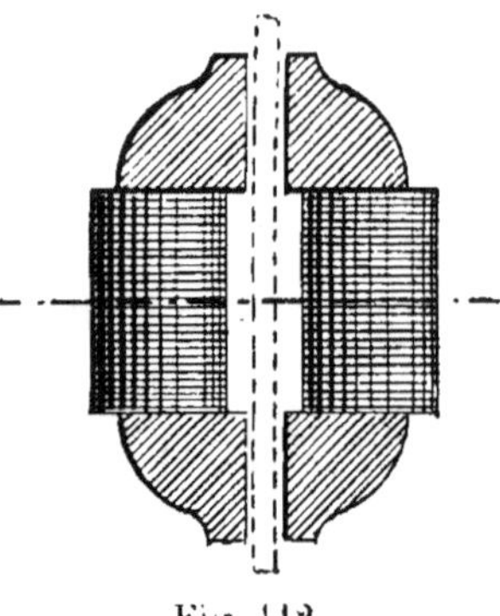

Fig. 112.

par une moitié de la spire précédente et l'autre moitié couvre une moitié de la spire suivante contiguë.

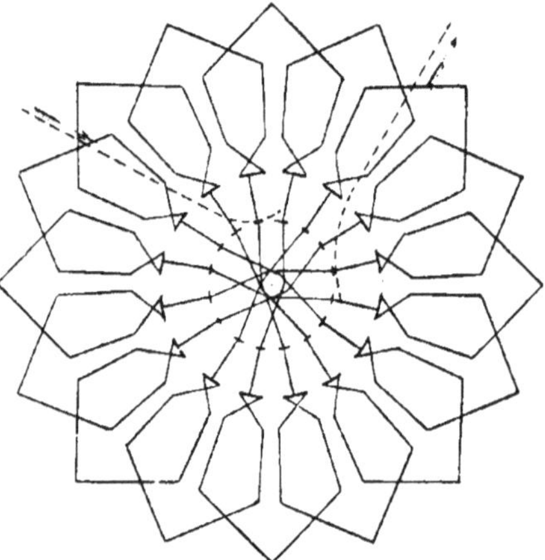

Fig. 113.

Réellement, ce n'est pas un recouvrement simple, car les deux moitiés de chaque spire ne sont pas dans le même plan.

Quel que soit le nombre des spires, l'enroulement est le même ; mais naturellement les connexions au collecteur sont différentes suivant le cas. Dans celui de la figure 113, les spires, diamétralement opposées, sont réunies en quantité, le nombre des spires étant divisible par 4. et deux balais placés comme nous l'indiquons suffisent à recueillir le courant.

Cette machine. comme celle de M. Desroziers. est toute récente. Les premiers essais, paraît-il, ont été bons ; mais on ne sait encore rien de précis. car si plusieurs modèles sont en construction, aucun n'a encore été employé publiquement.

QUATRIÈME PARTIE

CHAPITRE I

DE L'INSTALLATION

Une machine dynamo-électrique à quelques système qu'elle appartienne, est toujours un des engins
les plus délicats qui soient en service dans l'industrie.
Bien qu'en principe il semble qu'il n'y ait qu'à la
mettre en place, à la relier par une courroie au moteur
devant la commander et à mettre en route après avoir
fermé son circuit, pour recueillir un courant ; dans la
pratique les choses sont un peu plus compliquées, et
il est sur ce point quelques considérations générales
qui peuvent trouver ici leur place, et être exposées
en quelques mots. D'abord, la première condition

d'une judicieuse installation consiste à mettre la machine en cage c'est-à-dire à lui réserver un espace clos, faisant partie de la chambre des machines à vapeur lorsque la commande est directe, ou entièrement séparée, dans le cas où on a une machine isolée mise en mouvement par une transmission. En effet, il faut avant tout, pour pouvoir conserver longtemps une dynamo en bon état, la mettre autant que possible à l'abri de ses deux ennemis principaux : la poussière et l'humidité. Si le système inducteur, toujours très robuste, ne craint généralement presque rien, l'induit, le collecteur et les balais sont d'une délicatesse extrême. Les poussières métalliques des ateliers venant adhérer facilement en raison même de leur ténuité peuvent très rapidement s'accumuler au point de réunir par exemple deux lames voisines du collecteur, par suite fermer une section de l'induit sur elle-même; en un mot rendre inactif un isolant dont le rôle est toujours de grande importance. Pour l'humidité c'est exactement la même chose si ce n'est que le danger est encore plus grand. En effet, tous les isolants mis en œuvre dans une machine dynamo sont toujours plus ou moins hygrométriques, leur résistance varie du tout ou tout suivant l'état de sécheresse dans lequel ils sont entretenus et si la poussière n'est à craindre sérieusement que pour les parties extérieures, l'humidité au contraire peut atteindre les parties profondes de l'induit et mettre très rapidement une machine hors d'état. De plus avec la poussière le remède est relativement facile, une fois enlevée son effet nuisible n'existe plus, tandis que le séchage d'une machine est pour ainsi dire impossible et nécessite au moins un démontage complet.

Pour ces deux raisons donc, le luxe d'une chambre spéciale réservée à la ou aux dynamos est de toute nécessité : mais comme l'humidité peut provenir non seulement de l'atmosphère; mais encore du sol même dans bien des cas. la question du socle n'est pas à négliger. Il est important en effet que la machine tout entière soit isolée du sol. tant au point de vue que nous venons de traiter qu'en ce qui touche la sécurité du surveillant. Si malgré les précautions prises, en effet. une partie active, par suite d'un accident. est en contact avec la masse, c'est-à-dire avec le bâti, et que celui-ci soit à son tour mal isolé du sol. il suffit que le mécanicien vienne à toucher par mégarde un balai pour se trouver immédiatement en dérivation sur le circuit principal. et recevoir une secousse dont la violence dépend de la tension et des résistances relatives des deux circuits.

Or il existe trois moyens principaux de constituer le socle d'une machine dynamo-électrique. consistant à faire soit un plancher de madriers sur champ. avec tirefonds fixant la machine, soit un masif de béton et ciment, avec des boulons pris dans la masse ; enfin dans ces derniers temps on a reconnu préférable. dans le cas de grandes forces. de placer directement la machine sur rails avec un ou deux vérins pour résister à l'effort de traction des courroies. Dans ces conditions la machine ne repose que par son propre poids, suffisant en général, mais cependant il faut pour cela que la direction de la courroie soit assez inclinée. En dehors de sa simplicité, ce dernier mode de montage qui est indiqué dans quelques-unes des figures qui précèdent, a l'avantage de permettre facilement le raccourcissement des courroies. Celles-ci en effet, surtout lorsqu'elles sont neuves, s'allongent très rapidement dans des proportions telles qu'il faut, lorsque la machine est fixe, arrêter, défaire les agraffes, retendre les deux bouts. autant que possible, et recommencer plusieurs fois ainsi jusqu'à ce que le cuir ait atteint sa limite d'extension. Au contraire, avec le dispositif des rails, quelques tours de vérin éloignant la machine de sa transmission permettent en pleine marche, de tendre les courroies à mesure que se produit l'allongement. Enfin on peut encore, si la machine est mûe par deux courroies, monter celles-ci sur roulettes et les placer sur un plan légèrement incliné. De la sorte, la tension des courroies est automatiquement obtenue par le poids même de la machine tendant toujours à descendre la pente. A vrai dire, ce type d'installation est assez rare, et nous ne connaissons que Thomson qui l'ait employé pour sa machine à disque.

En résumé, il n'y a eu de véritablement pratiques que les deux sortes de socles : traverses de bois. rails de fer. En effet, en dehors des raisons spéciales que

nous avons exposées, il y a toujours lieu de prévoir
dans une installation d'éclairage la nécessité où l'on
peut être de déplacer la machine, soit pour la changer
simplement de place soit pour la remplacer par une
autre, en cas d'accident par exemple. Eh bien il est
clair que la disposition des traverses de champ comme
celle des rails permet d'effectuer l'une quelconque de
ces opérations avec la plus grande facilité. Il n'y a
d'un côté qu'à desserrer des tire-fonds et faire glisser
la dynamo, et de l'autre encore moins à faire. Au contraire, le massif de ciment ne se prête pas aussi commodément au déplacement de la machine. Celle-ci
étant en effet maintenue par des boulons dont les têtes
sont noyées dans la masse de béton, l'emploi d'une
grue ou de tout appareil de ce genre est toujours
nécessaire.

Quel que soit d'ailleurs le mode employé on peut
toujours sans difficulté isoler la machine. A cet effet,
des feuilles de carton ordinaire, ou ce qui vaut
mieux de carton d'amiante, interposées, soit entre le
bâti et le socle, soit entre le socle et la terre donnent
d'excellents résultats.

Quand il s'agit de mettre en place, non plus comme
nous l'avons supposé implicitement dans ce qui précède, une machine dynamo-électrique de puissance
moyenne ; mais une machine de très grande force
la question du socle se complique forcément. En
effet, il y a avant tout des fondations spéciales à faire
pour résister au poids de fonte qu'on doit mettre des-

sus, et comme dans ce cas la machine ne se met pas
d'un seul bloc en place, mais se monte pièce par pièce
sur l'emplacement même ou on doit la faire tourner,
alors dans la construction des fondations et l'établis-
sement du socle il faut prendre des dispositions spéciales pour faciliter les opérations du montage, de la
surveillance et du démontage. Dans ce cas on est généralement amené à construire une sorte de fosse sur
les murs de laquelle on vient après fixer un ou plusieurs cadres de bois pour recevoir directement le
bâti de la machine, on peut ainsi atteindre la machine
de tous les côtés lorsqu'elle est mise en place, la surveillance et l'entretien sont rendus plus faciles et c'est
ainsi que la grande génératrice de M. Deprez dans les
expériences de Creil avait été installée.

CHAPITRE II

MISE EN ROUTE

Vérifications. — La machine étant en place. il est nécessaire, avant de l'y fixer définitivement, d'opérer ce qu'on appelle le *dégauchissage*. Cela consiste à rendre l'arbre de la dynamo exactement parallèle à celui de la transmission, car si les directions des deux axes font entre elles un certain angle même assez petit, le coïncement des portées sur les coussinets fait chauffer et gripper très rapidement les paliers. Il faut donc avant tout dégauchir sa machine, comme cela se fait pour tout engin mis en mouvement par une transmission : il n'y a rien de là de particulier à la dynamo. et ce n'est que lorsque cette précaution essentielle est prise qu'on peut fixer à demeure les tire-fonds, ou les boulons. ou les vérins immobilisant la machine sur son socle.

Cela fait, il importe alors de procéder à la vérification des circuits extérieurs et intérieurs. Cette opération comporte l'emploi de trois instruments auxiliaires qu'un électricien doit toujours avoir à sa disposition, et qui sont : 1° un ou deux éléments de pile:

2° un galvanomètre très sensible ; 3° un pont de Wheatstone.

Il s'agit en effet, lorsque toutes les connexions préalables sont faites, de les vérifier, en mesurant d'abord la résistance des divers circuits : circuit inducteur, circuit induit, circuit extérieur, circuit total, et ensuite de s'assurer, comme nous le disions, que les isolations sont bonnes, et qu'il n'y a pas de contacts électriques anormaux.

Il existe un grand nombre de moyens de mesurer une résistance. Nous n'avons pas ici à les indiquer tous et nous n'insisterons que sur le moyen le plus employé dit méthode du Pont de Wheatstone.

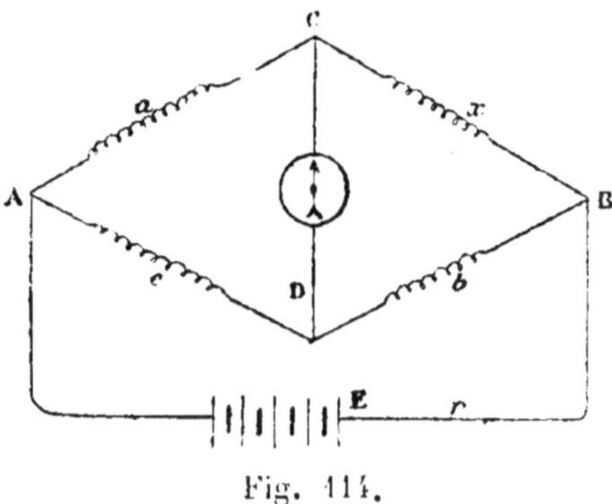

Fig. 114.

La figure 114 montre le schéma d'un pont et permet de comprendre aussitôt la manière de procéder. On constitue un quadrilatère ABCD dans lequel les côtés *a* et *c* appelés *branches* du *pont*, sont des résistances connues égales entre elles, par exemple : le côté *b* une résistance dont on peut faire varier la valeur à volonté.

et x le circuit à mesurer. Il ne reste plus alors qu'à réunir les points A et B aux bornes de la pile et à intercaler le galvanomètre entre les points C et D.

Si les attaches faites dans ces conditions, le galvanomètre n'indique pas trace de courant, c'est-à-dire si la différence de potentiel entre C et D est nulle, on a entre les quatre résistances la relation :

$$xc = ab,$$

c'est-à-dire :

$$x = b.$$

Si les valeurs de a et de c sont égales comme nous l'avons supposé, il n'y a alors qu'à lire la valeur de b pour avoir celle du circuit qu'on mesure. Il est clair naturellement que l'opération se fait par tâtonnements successifs. Une touche permet d'ouvrir et de fermer le circuit de la pile à volonté. On commence donc par donner à b une valeur approximative de celle qu'on suppose à x, on ferme le circuit, l'aiguille du galvanomètre dévie, et suivant le sens de la déviation on augmente ou diminue la résistance b jusqu'à ce que l'aiguille demeure à zéro. Enfin, pour avoir une approximation plus grande dans la pratique, on fait généralement :

$$a = \frac{c}{n}$$

n étant 10 ou un multiple de 10 ; alors lorsque l'équilibre est établi, on a, non plus égalité entre b et x, mais :

$$x = \frac{b}{n}.$$

De même si l'on sait d'avance que la valeur de x doit être supérieure à b on fait exactement le contraire, c'est-à-dire qu'on prend $n = \frac{1}{10}$, $\frac{1}{100}$, etc., pour avoir finalement :

$$x = 10\,b,\ 100\,b,\ \text{etc,}$$

Pour faciliter ces mesures, on trouve dans la pratique les trois côtés du quadrilatère préparés d'avance. L'appareil auquel nous avons donné plus haut le nom de pont de Wheatstone, se compose d'une boîte en bois sur la partie supérieure de laquelle sont fixées des touches en cuivre qu'on peut réunir par des che-

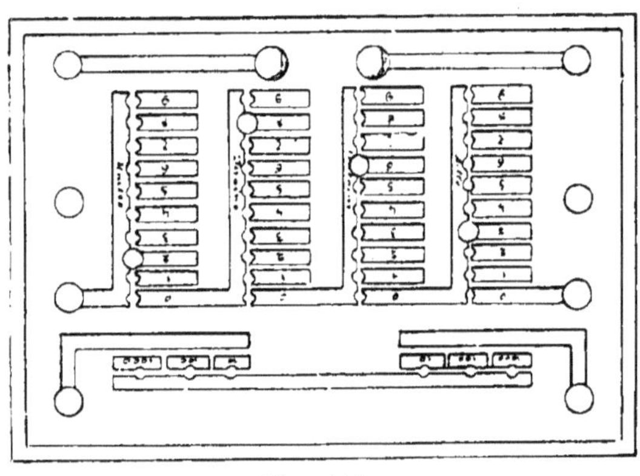

Fig. 115.

villes. La figure 115 montre en plan cette disposition, dont on voit une partie en coupe dans la figure 116.

Les branches sont constituées respectivement par les trois touches figurées au haut du dessin et les quatre rangées placées au-dessous représentent le côté b dont on fait varier la valeur à volonté. Or comme les connexions intérieures sont faites d'avance, qu'entre chaque touche, une résistance numérotée est intercalée, on n'a, après avoir réuni aux bornes indiquées sur la figure les deux bouts du circuit à mesurer, les bornes du galvanomètre, et celles de la pile, qu'à disposer des chevilles de manière à atteindre l'équilibre cherché, et à faire la lecture des chiffres inscrits en face des chevilles. Par exemple dans la disposition représentée dans la figure, on a 3.682 ohms, si avec cette disposition, le galvanomètre est au zéro.

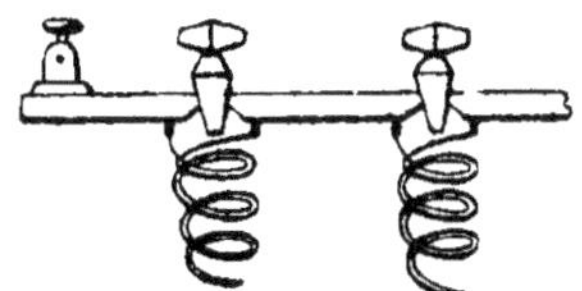

Fig. 116.

La vérification consiste donc à opérer de la sorte pour mesurer les divers circuits. De plus, quand cette opération est terminée, il convient également de voir si les isolations sont bonnes. Pour cela, le pont est inutile. Il suffit en effet de réunir dans un circuit la pile et le galvanomètre seuls, et avec deux bouts de fil de cuivre à toucher les parties qui doivent être isolées. Si pendant cette opération, le galvanomètre n'indique pas le passage d'un courant, c'est que tout est en bon état.

Les parties principales à vérifier sont : les balais entre eux, le collecteur, le circuit induit, le circuit inducteur avec le bâti de la machine. Ce n'est alors que lorsque cette dernière opération est faite, qu'on peut abaisser les balais sur les collecteurs, ouvrir les godets graisseurs et mettre la machine en route progressivement jusqu'à ce que sa vitesse normale ait été atteinte et que les ampéremètres et voltmètres aient indiqué les facteurs normaux du courant.

Autant qu'on le peut, et surtout lorsque la machine est mise en service pour la première fois, cette mise en route doit être faite graduellement, non seulement en ce qui concerne la vitesse, mais encore en ce qui concerne l'intensité du courant. Pour cela, à toute machine on adjoint une boîte de résistances dont on peut intercaler des parties plus ou moins grandes dans le circuit au moyen de commutateurs. Au départ, toutes les résistances, ou tout au moins une grande partie doivent être introduites, et ce n'est que lorsque la vitesse est atteinte que, graduellement alors, on peut les supprimer pour laisser monter l'intensité du courant à sa valeur normale.

Telle sont les précautions principales à prendre pour la mise en route ; il est évident que suivant les cas, selon la nature des installations, il est des soins particuliers à prendre, mais ce que nous avons dit est général et peut s'appliquer partout.

CHAPITRE III

SURVEILLANCE DES MACHINES

Dans une installation quelconque où une ou plusieurs machines dynamo-électriques sont en service, la surveillance qu'il convient d'apporter est très facile et peut se résumer en quelques mots. Quand, en effet, on entretient d'huile les graisseurs comme il convient, que par le toucher on s'assure que les paliers ne chauffent pas, la lecture de l'intensimètre et du voltmètre, permet en un coup d'œil de s'assurer que tout est en état. Si l'intensité est ce qu'elle doit être, si la force électro-motrice est constante, on peut être sûr qu'il n'y a rien à modifier dans la marche. Néanmoins, il est bon quelquefois d'apporter une attention spéciale à quelques points particuliers.

Sans qu'il soit nécessaire d'arrêter la machine, il convient de temps en temps, en faisant la visite des paliers, de tâter à la main les inducteurs pour s'assurer que la température ne s'élève pas et que, par suite d'une petite défectuosité dans le circuit, il n'y a pas une section qui chauffe outre mesure. De plus, les étincelles au balais nulles ou à peu près nulles au

départ lorsque le calage est bien fait, peuvent apparaître après un certain temps de marche. Il faut toujours chercher à les faire disparaître, soit en modifiant le calage, soit en augmentant ou diminuant un
peu le serrage. A cet effet, toutes les machines modernes sont disposées de manière à ce que ces opérations puissent se faire pendant le travail sans que
le mécanicien ressente la moindre secousse. Enfin
il est bon également de s'assurer si l'usure des lames
du collecteur et des balais n'est pas à craindre. Comme
les poussières métalliques peuvent être dangereuses
pour la conservation de la machine, il faut, dans ce
cas, modifier le serrage ; ne forcer celui-ci que de
manière à éviter les étincelles et, en outre, maintenir
toujours la surface du collecteur un peu grasse au
moyen d'un chiffon gras qu'avec un bâton on peut
promener sur les lames pendant la rotation.

Lorsque tout est en bon état dans l'installation,
qu'il n'y a ni secousses dans la vitesse ni variations
dans l'intensité, la conduite d'une machine dynamo
ne comporte pas d'autres soins que ceux que nous venons de dire. Mais quelles que soient la nature de
l'installation et les précautions prises, on n'est jamais
complètement à l'abri de certains ennuis qui, tout en
étant, il est vrai, exceptionnels, peuvent cependant
se produire quelquefois. Sans parler, en effet, des accidents graves qui nécessitent le remplacement de la
machine, il est certaines avaries qu'on peut facilement réparer sur place ou tout au moins réparer pro-

visoirement en n'ayant besoin que d'un arrêt très court. Or. tous ces accidents, quels qu'ils soient, se manifestent toujours de la même manière par des étincelles au balais. Ou bien ces étincelles apparaissent sous la forme d'une gerbe brusque cessant immédiatement, ou bien sous la même forme. mais alors d'une manière continue. Enfin, ces étincelles. sans être inquiétantes ni très développées, peuvent avoir un caractère de persistance que les moyens indiqués plus haut ne peuvent combattre. Dans les deux premiers cas, il faut arrêter aussitôt. car on est en présence ou d'une rupture de circuit, ou d'un court circuit, faisant immédiatement monter l'intensité dans des proportions considérables ; dans le troisième cas, après avoir agi sur les balais, introduit des résistances dans le circuit inducteur ou. au contraire, en avoir enlevé, pour chercher à maintenir les étincelles au minimum. on tâche de continuer la marche jusqu'à l'arrêt normal si le phénomène ne va pas augmentant sans cesse.

Mais que l'arrêt soit brusque ou normal. si l'accident est certain, ou probable, l'examen de la machine est toujours le même. et se fait avec les seuls instruments de vérification dont nous avons parlé.

Si on est en présence d'une rupture du circuit. il est probable que par suite de l'extra courant d'induction considérable qui se produit au moment de la rupture : un des isolants. si ce n'est plusieurs. a été crevé. En effet, le courant instantané qui prend ainsi naissance dans le circuit de la machine tend à se fermer par le chemin le moins résistant, et si la tension est suffisante, ou l'isolation un peu faible, l'avarie est certaine.

Il faut donc tout d'abord chercher s'il s'est produit un contact à la masse. Nous avons indiqué le moyen. Si ce défaut est relevé dans le circuit inducteur et que l'induit soit intact la réparation est généralement facile. Comme les inducteurs se composent de galettes séparées, réunies en tension, on défait toutes les connexions, on cherche la section malade, et s'il n'y en a qu'une ou deux en mauvais état, on les supprime du circuit et en forçant légèrement l'excitation on peut aussitôt remettre en route.

Si au contraire, le circuit inducteur est en bon état, et que ce soit l'induit qui soit la partie malade, il y a lieu de distinguer deux cas. Ou celui-ci est un tambour genre Siemens, alors, rien à faire, une bobine nouvelle est nécessaire ; ou bien, on a affaire à un anneau, alors il y a lieu de procéder à un examen attentif car si le mal est peu étendu, on peut le réparer encore sans grande difficulté. Néanmoins, il faut détacher les sections des lames du collecteur, vérifier l'isolation de chacune d'elles, d'une part, avec la masse, d'autre part d'une section avec sa voisine. Si deux sections seules sont en contact avec le fer de l'anneau et que toutes les autres soient intactes, alors on peut facilement les mettre hors circuit, en réunissant entre elles les quatre extrémités deux à deux et en

reliant métalliquement les deux lames du collecteur
qui y correspondent pour que la continuité du circuit
total ne soit pas rompue. Il en est de même, si l'isolation de l'ensemble avec le fer étant bonne on reconnaît
que deux sections voisines ont entre elles un contact
intérieur. C'est-à-dire qu'avec deux cales de cuivre
on réunira la lame du collecteur, commune à ces
deux sections, aux voisines, et comme précédemment
la partie malade sera mise hors circuit. Pendant la
marche elle sera évidemment le siège d'un certain
échauffement, mais par suite de sa séparation avec
le reste de l'organe on pourra pendant un certain
temps reprendre le service. Enfin l'accident peut être
localisé dans le collecteur ou le porte-balais. Si le
reste de la machine est intact, là encore, le mal sera
insignifiant. Si deux lames sont soudées ensemble par
suite de l'arc formé : à la lime on abattra la liaison,
et après vérification faite on remettra en marche.

Telles sont à peu près tous les accidents qu'il soit
possible de réparer sur place. Si le nombre des sections atteintes est trop considérable, si l'isolant du
conducteur avec l'arbre de la machine est endom-
magé, il est clair que la dynamo doit être renvoyée à
l'usine pour y subir une complète réparation. En tous
les cas, la vérification est toujours nécessaire, souvent
on croit, après un accident, la machine très endom-
magée ; alors, qu'en fait, le mal est insignifiant, surtout lorsqu'on n'a que de basses tensions en jeu. D'ailleurs depuis que l'industrie électrique a pris le grand

développement que l'on sait, la construction des machines a été soignée de plus en plus et d'une façon générale on peut dire aujourd'hui sans prendre le sens absolu des mots qu'avec un personnel soigneux et intelligent, les accidents que nous venons de signaler n'arrivent jamais.

FIN

TABLE DES MATIÈRES

PREMIÈRE PARTIE

CHAPITRE I.

THÉORIE DE L'INDUCTION.

Courants d'induction................................. 1
Champ magnétique.................................... 3
Intensité du champ magnétique....................... 3
Lignes de force..................................... 4
Lois de Faraday..................................... 5
Force électromotrice induite, règle de Maxwell........ 7
Lois de Lenz.. 8

CHAPITRE II.

DE LA MACHINE DYNAMO ÉLECTRIQUE.

Principes de la machine dynamo électrique............ 11
Système inducteur................................... 13
Systèmes induits.................................... 15
Collecteurs... 17
Classification...................................... 17
Théorie de l'induit annulaire (anneau Pacinotti-Gramme).. 18
Induit annulaire Brush.............................. 22

Théorie de l'induit en bobine ou tambour.............. 24
Mode d'excitation des inducteurs.................... 26
Excitation en tension............................ 26
Excitation en dérivation......................... 27
Excitation composée............................ 28
Système d'unités.............................. 29

DEUXIÈME PARTIE

CHAPITRE I.

HISTORIQUE.

Anneau de Faraday............................. 35
Machine de Pixii.............................. 37
Machine Ritchie.............................. 37
Machines Saxton et Clarke...................... 38
Machines Stohrer............................. 40
Machine Siemens............................. 41
Machine Soren Hjorth......................... 49
Machine de Wilde............................ 45
Machines de Weatstone et Siemens. 47
Machine de Laad............................. 49
Moteur d'Elias.............................. 52
Machine de Pacinotti......................... 54

CHAPITRE II.

ANNEAU GRAMME.

Machine Gramme, type A........................ 61
Machine Gramme, type D........................ 64
Machine I D................................ 64
Machine octogone............................ 67
Machine multipolaire......................... 69
Machine de l'exposition de Vienne................ 71
Machine Lontin............................. 72

Machine Siemens.................................... 75
Machine Bürgin..................................... 77
Machine Vallace Farmer............................. 79
Machine Brush...................................... 80
Machine Siemens et Halske (anneau plat)............ 83
Machine Schuckert.................................. 85
Machine Edison..................................... 88
Machine Weston..................................... 91
Machine Hiram Maxim................................ 93
Machine Fein....................................... 95
Machine Schwerd et Scharnweber..................... 96
Machine Elphinstone et Vincent..................... 98
Machine Jürgensen et Lorenz........................ 99
Machine Edelmann................................... 101
Machine Einstein................................... 102
Machines Marcel Déprez............................. 103

CHAPITRE III.

MACHINES DYNAMO ÉLECTRIQUES A COURANTS ALTERNATIFS.

Machine Lontin..................................... 109
Machines Gramme.................................... 111
Machine Jabloschkoff............................... 113
Machine Schuckert.................................. 115
Machine de Wilde................................... 117
Machine Siemens et Halske.......................... 119
Machine de Maquaire................................ 121
Machine Gordon..................................... 123

MACHINES MAGNÉTO-ÉLECTRIQUES A COURANTS ALTERNATIFS.

Machine de l'Alliance.............................. 125
Machines Méritens.................................. 127

TROISIÈME PARTIE

DERNIÈRES MACHINES INDUSTRIELLES.

CHAPITRE I.

MACHINES A COURANT CONTINU, ET INDUIT EN FORME D'ANNEAU.

Les machines dynamo-électriques récentes.............. 129
Machine Gramme, type supérieur...................... 130
Machine Kapp........ 133
Machines Phœnix................................ 135
Machine Crompton.............................. 139
Machine Jaspar................................ 141
Machine Van de Poele............................ 142
Machine Westminster............................ 145
Machine Méritens.............................. 147
Machines de Fein.............................. 149
Machines Schuckert............................ 151
Machine Gülcher.............................. 153
Machine Victoria... 155
Machine Brush................................ 157
Machine Gauz................................ 159
Machine Siemens et Halske...................... 161

CHAPITRE II.

MACHINES DYNAMO-ÉLECTRIQUES A INDUIT EN FORME DE BOBINE OU
TAMBOUR CYLINDRIQUE.

Machine Siemens.. 163
Machine Siemens à galvanoplastie.................. 164
Machine Weston................................ 167
Machine Westinghouse.......................... 170
Machine Edison................................ 171
Machine Thury................................ 174
Machine Lahmeyer............................ 176

Machine Eikemeyer.................................. 178
Machine Wenstrœm.................................. 180
Machine Immisch................................... 183
Machine Thomson-Houston........................... 186

CHAPITRE III.

MACHINES DYNAMO-ÉLECTRIQUES A COURANTS ALTERNATIFS.

Machines alternatives actuelles....................... 193
Machine Lachaussée-Lambotte........................ 194
Machines Chertemps et Daudeu........................ 196
Machine Ganz...................................... 199
Machine Ferranti................................... 200

CHAPITRE IV.

MACHINE MAGNÉTO-ÉLECTRIQUE.

Machine Méritens................................... 203

CHAPITRE V.

MACHINES A INDUIT EN FORME DE DISQUE.

Machine Thompson. 206
Machine Desroziers................................. 209
Machine de la société Édison à Paris.................. 213

QUATRIÈME PARTIE

NOTIONS PRATIQUES RELATIVES AUX MACHINES DYNAMOS

CHAPITRE I.

De l'installation................................... 217

CHAPITRE II.

Mise en route...................................... 223

CHAPITRE III.

Surveillance des machines......................... 229

Laval. imp. et stér. E. JAMIN, rue de la Paix, 51.